Grundlagen der agilen Produktentwicklung

Joachim Pfeffer
ist Unternehmensberater im Bereich Lean- und Agile-Development. Nach über zwanzig Jahren in der Produktentwicklung (Software, Elektronik, Mechanik) und zehn Jahren Beratungspraxis in Entwicklungs- und Dienstleistungsprozessen beschäftigt sich Joachim Pfeffer hauptsächlich mit der Einführung von Lean- und Agile-Konzepten in der Embedded- und Mechanik-Entwicklung sowie in administrativen Prozessen. Sein besonderes Augenmerk liegt dabei auf der ökonomischen Optimierung von Entwicklungsprojekten und auf einladungsbasierten Transformationskonzepten. Als Inhaber einer Berufspilotenlizenz überträgt Joachim Pfeffer Team-Konzepte aus der Luftfahrt auf Management und Entwicklungsteams.

Joachim Pfeffer

Grundlagen der agilen Produktentwicklung

Basiswissen zu Scrum, Kanban, Lean Development

Bibliografische Information der deutschen Nationalbibliothek
Die Deutsche Nationalbibliothek verzeichnet diese Publikation in der Deutschen Nationalbibliografie. Detaillierte bibliografische Daten sind im Internet über http://dnb.d-nb.de abrufbar.

Es wird darauf hingewiesen, dass die im Buch verwendeten Bezeichnungen sowie Markennamen und Produktbezeichnungen der jeweiligen Firmen im Allgemeinen warenzeichen-, marken- oder patentrechtlichem Schutz unterliegen.
Alle Angaben und Programme in diesem Buch wurden mit größter Sorgfalt kontrolliert. Weder Autoren noch Verlag können jedoch für Schäden, die in Zusammenhang mit der Verwendung dieses Buches stehen, haftbar gemacht werden.
Um die Lesbarkeit zu vereinfachen wird auf die zusätzliche Formulierung der weiblichen Form verzichtet. Wir möchten deshalb darauf hinweisen, dass die ausschließliche Verwendung der männlichen Form explizit als geschlechtsunabhängig verstanden werden soll.

Zweite, überarbeitete Auflage (intern: v3.0)

Oberweiler 2, 88239 Wangen im Allgäu, training@peppair.com

Lektorat: Dolores Omann, Ternitz
Cover: Joachim Pfeffer
Herstellung: BoD – Books on Demand, Norderstedt

Printed in Germany
ISBN der Printversion: 978-3-947487-19-6

Inhalt

Vorwort

Meine Erfahrungen mit der Einführung von Kanban in der Produktentwicklung, also auch außerhalb der reinen Softwareentwicklung, begann ich 2015 aufzuschreiben. Über die Jahre hinweg hat sich der geplante Umfang von einem reinen Kanban-Buch hin zu einem Grundlagenwerk über die agile Entwicklung mechatronischer Systeme erweitert, da bei meinen Projekten Scrum immer mehr in den Fokus gerückt ist. Dadurch wuchs aber die Gefahr, dass dieses geplante Buch erst in ferner Zukunft fertiggestellt würde. Da ich seit 2016 in größerem Umfang Trainings zu agilen Ansätzen durchführe, habe ich die Basisthemen herausgelöst und in diesem Buch zur Druckreife gebracht. Ich setze es als Handout für meine Trainings ein, es soll aber auch als eigenständiges Grundlagenbuch dienen, das die Gedanken von Kanban, Scrum und Lean Development zusammenführt. Das „große" Buch zur agilen Produktentwicklung ist mittlerweile im Carl Hanser Verlag unter dem Titel „Produktentwicklung – Lean & Agile" erschienen.

Mein Ziel ist es, mit diesem Buch Basiswissen zu diesen hochinteressanten Ansätzen zur Verfügung zu stellen und somit einen kleinen Beitrag für bessere Produkte und Marktchancen sowie für mehr Freude bei der Produktentwicklung zu leisten. Deshalb stelle ich die Inhalte dieses Buchs für die nichtgewerbliche Weiterverwendung unter einer Creative-Commons-Lizenz zur Verfügung.

Diese zweite Auflage greift die Veränderungen im Scrum Guide, wie zum Beispiel den Wegfall der Rollen, auf. Durch die Arbeit mit meinen Kunden habe ich außerdem neue Erkenntnisse gewonnen, die ich hier einfließen lasse.

Joachim Pfeffer, Januar 2023

Einleitung

Agile Entwicklung und das Rahmenwerk „Scrum" erfahren inzwischen auch außerhalb der reinen Softwareentwicklung viel Beachtung. Für die einen ist es die konsequente Umsetzung der einzig verlässlichen Projektmanagementmethode, für die anderen nur ein Hype, der keine neuen Erkenntnisse oder Vorteile bringt.

Tatsache ist, dass Scrum in der Softwareentwicklung zum de-facto-Standard geworden ist und beachtliche Erfolge bei Entwicklungsgeschwindigkeit, Planbarkeit und Qualität erzielt. Die hin und wieder anzutreffende Sichtweise, dass diese Erfolgsgeschichte aus der Softwareentwicklung nicht auf andere Bereiche übertragbar sei, greift meiner Ansicht nach zu kurz.

Der Erfolg von agiler Entwicklung basiert nur zum Teil auf der Ausübung einer bestimmten Methodik. Viele Vorteile werden erst durch die schrittweise Veränderung von Denkweise und Kultur erreicht – Faktoren, die unabhängig von Branche, Produkt und Technologie sind.

Somit bedeutet „agil" zu werden weit mehr als das erfolgreiche Umsetzen einer Methode. Es ist ein Paradigmenwechsel, eine Abkehr von vielem, was in den letzten Jahrzehnten und Jahrhunderten an Tradition und Kultur rund um die Produktentwicklung und das Projektmanagement gewachsen ist. Eine Veränderung, die deutlich schwieriger, komplexer und schmerzhafter ist als die Anwendung einer neuen Methode. Entgegen den Erwartungen vieler Manager betreffen die Veränderungen nicht so sehr die Entwickler, sondern die Führungskräfte selbst und dies umso mehr, je höher sie sich in der Organisationshierarchie befinden.

Der Eintritt in diese Veränderung wird immer durch die Einführung von Scrum, Kanban oder eines anderen agilen Ansatzes erfolgen. Die konkrete Vorgehensweise entsteht mit der Zeit, ebenso die damit verbundenen Veränderungen. Dieses Buch beschreibt die bekannten Ansätze Scrum und Kanban und beschreibt die Zusammenhänge von Lean Production und Lean Development. Es kann ein Startpunkt für Ihre Reise zu Agilität und Veränderung sein.

If you don‘t like change,
you‘re going to like irrelevance even less.
Eric Shinseki

Umdenken

Die Welt verändert sich

Warum agile Produktentwicklung? Hat bisher nicht alles auch ohne Scrum gut funktioniert? Ist agile Entwicklung die Lösung aller Probleme oder nur ein neuer Hype? Die Antworten auf diese Fragen hängen davon ab, wie kompliziert oder komplex das Umfeld ist, in dem sich Ihre Organisation bewegt. Daher stelle ich Ihnen zwei Denkmodelle vor, mit deren Hilfe Sie sich selbst ein Bild machen können. Ausgehend von dieser Betrachtung entscheiden Sie, wie groß die Notwendigkeit ist, mit agilem Denken in eine schnelle, flexible Welt der Produktentwicklung einzutauchen. Natürlich gibt es auch bei diesen Modellen keine endgültigen Antworten, kein Schwarz, kein Weiß. Wie sagt man so schön: „Alle Modelle sind falsch. Manche sind nützlich."

Cynefin

Das Cynefin-Modell (ausgesprochen als „Küneffin") des System- und Organisationsforschers Dave Snowden unterteilt die Umgebung beziehungsweise das System, in dem Sie sich befinden, in vier Grundtypen (Abbildung 1) und diskutiert die für den jeweiligen Typ adäquate Lösungsstrategie (Snowden & Boone, 2007). Ich werde im Folgenden die englischen Originalbegriffe von Snowden verwenden, da eine Übersetzung die ursprüngliche Präzision aufweichen würde.

- Die erste Umgebung ist die offensichtliche Umgebung, von Snowden **„obvious"** genannt. Dies ist die Welt der sogenannten „Best Practices", mit bewährten, standardisierten Lösungsmustern. Herausfordernd ist hier lediglich die richtige Einordnung des Problems: Es muss exakt kategorisiert werden, um anschließend das richtige Handlungsmuster wählen zu können. Die Lösungsstrategie besteht nach Snowden aus den Schritten „sense – categorize – respond“, also wahrnehmen, einordnen, handeln. Beispiele für Lösungsmuster sind eine Freilaufdiode an einem Relais, eine selbstsichernde Mutter bei einer Schraubverbindung oder das Herunterklappen der Sonnenblende im Auto bei tiefstehender Sonne.

- Die Welt des Offensichtlichen beschränkt sich auf kleine, lokale Lösungen und liefert für unsere Diskussion in der Produktentwicklung keinen relevanten Beitrag, denn Produkte sind Systeme, die aus vielen Teilen und vielen offensichtlichen Kleinumgebungen bestehen. Die Interaktion dieser Einzelteile ist jedoch nicht mehr offensichtlich, sondern laut Snowden **„complicated“**, also kompliziert. Wesentlich an einem komplizierten System ist eine klare Ursache-Wirkungs-Beziehung. Es ist deterministisch, folglich können Experten es verstehen und sein Verhalten prognostizieren. In komplizierten Syste-

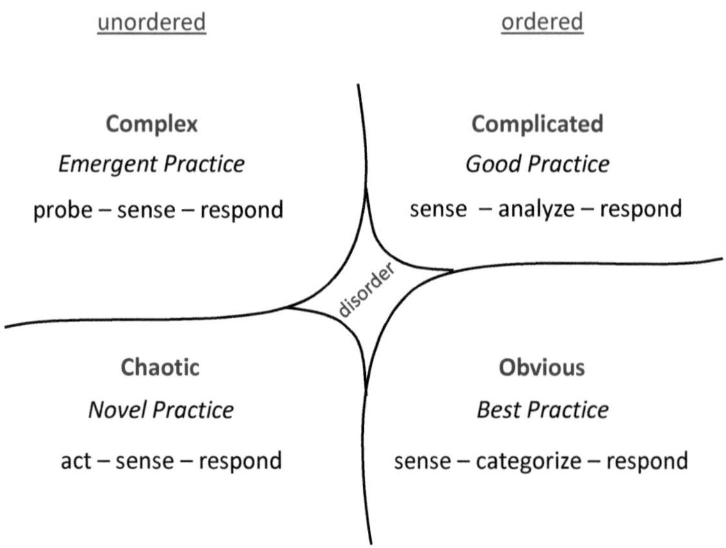

Abbildung 1: Cynefin-Modell

men gibt es nicht mehr die „Best Practice", die eine Lösung aus der Schublade liefert. Vielmehr existieren mehrere gute Lösungen, die durch Analyse des Systems und auf Basis vorhandener Erfahrungen entwickelt wurden. Es ist die Welt der „Good Practices". Ein wichtiger Aspekt eines komplizierten Systems: Nachdem es umfänglich verstanden werden kann, ist es auch möglich einen Plan zu erstellen, der zuverlässig funktioniert. Anschließend ist lediglich die Abarbeitung des Plans zu überwachen und sicherzustellen, dass der Plan eingehalten wird. Dies ist die Welt des klassischen Projektmanagements. Snowden bezeichnet die beiden rechten Quadranten, „obvious" und „complicated", als „ordered". Es ist die geordnete Welt, in der Lösungsmuster und Pläne funktionieren.

- Diese Welt verlassen wir mit dem oberen linken Quadranten **„complex"**, er steht für komplexe Systeme. Diese haben ebenso wie komplizierte Systeme klare Ursache-Wirkungs-Beziehungen, die für den Problemlöser jedoch nicht mehr erkennbar sind. Obwohl das System also deterministisch ist, verhält es sich von außen betrachtet nicht so, weil es nicht verstanden werden kann. Hier wird deutlich, dass der Unterschied zwischen kompliziert und komplex nicht über das System definiert werden kann, sondern in der Expertise des Betrachters liegt: Während das Uhrwerk meiner Armbanduhr für mich ein komplexes System darstellt, wird es der Uhrmacher meines Vertrauens als ein kompliziertes System betrachten. Welche Praktiken und Lösungsstrategien gibt es nun in der komplexen Umgebung, in der nicht auf empirische Praktiken zurückgegriffen werden kann? Wir befinden uns hier in der Welt der „Emergent Practices", in der die Vorgehensweise und die Lösung unterwegs entstehen, wachsen und sich durch neue Erkenntnisse verändern. Somit kommt in komplexen Umgebungen derjenige zum Ziel, der ständig mit dem System interagiert, um den Plan entsprechend anpassen zu können. Die Handlungsstrategie ist folgerichtig „probe – sense – respond“, also versuche, messe, handle. Auf dem Weg zur Lösung werden diese drei Schritte mehrfach durchlaufen. Je kleiner dabei die Schleifen sind, desto näher bleibt man am – zunächst nicht bekannten – Lösungsweg. Dies ist die Welt der empirischen Pläne und Prozesse, die Welt des agilen Projektmanagements.

- Auf den letzten Quadranten, **„chaotic“**, also chaotisch, gehe ich nur kurz ein. Auch wenn sich viele Entwicklungsprojekte so anfühlen, sind sie in der Regel nicht chaotisch, sondern komplex. In chaotischen Umgebungen gibt es keine Ursache-Wirkungs-Beziehungen mehr, und „probe – sense – respond“ führt nicht zum Ziel, da jeder Versuch ein anderes Ergebnis liefert. In dieser Umgebung können Sie nur mit Kreativität und neuen Praktiken bestehen. Es ist die Welt der „Novel Practice“, die Handlungsstrategie lautet dementsprechend „act – sense – respond“. Es wird direkt gehandelt, nicht mehr nur geprüft und der Plan im Anschluss entsprechend angepasst.

Wichtig für Sie ist es, das Cynefin-Framework als Gedankenmodell zu verstehen. Verwenden Sie es nicht als Assessment für Ihre eigene Situation, denn die im Diagramm massiv gezogenen Linien sind in der Praxis Graubereiche. Oft können Sie nur erahnen, in welchem Quadranten Sie gerade unterwegs sind. Diese Unsicherheit beschreibt Snowden mit dem Mittelteil „disorder“. Darüber hinaus bestehen Umgebungen bzw. Systeme oft aus Teilaspekten, die verschiedenen Quadranten im Cynefin-Framework zuzuordnen sind.

Aus der Perspektive des Cynefin-Modells bewegen sich alle Branchen in unterschiedlicher Geschwindigkeit von „kompliziert“ nach „komplex“ – bedingt durch Digitalisierung, Globalisierung, Vernetzung der Märkte, exponentiell wachsendes Wissen und intensivere Kommunikation und die damit verbundene zunehmende Dynamik. Wo stehen Sie mit Ihrer Organisation und Ihrem Produkt? Ist der

Einsatz agiler Methoden für Sie sinnvoll? Für Ihre Überlegungen bei der Produktentwicklung lohnt es sich, ein ähnliches Modell von Ralph Stacey einzubeziehen.

Stacey-Matrix

Ralph Stacey, ein britischer Organisationstheoretiker, ordnet Führungs- und Entscheidungskonzepte in einer zweidimensionalen Darstellung an. Dabei stellt er auf der einen Achse das Maß der Sicherheit – „certainty“ – dar, auf der anderen das Maß der Vereinbarung – „agreement“ (Stacey, 2002). Dieses Grundlayout wird oft verwendet, um die Kategorien „kompliziert“ und „komplex“ in der Produktentwicklung zu erklären. Die Bedeutung der Kategorien sowie die Lösungsstrategien können dabei von Dave Snowden übernommen werden.

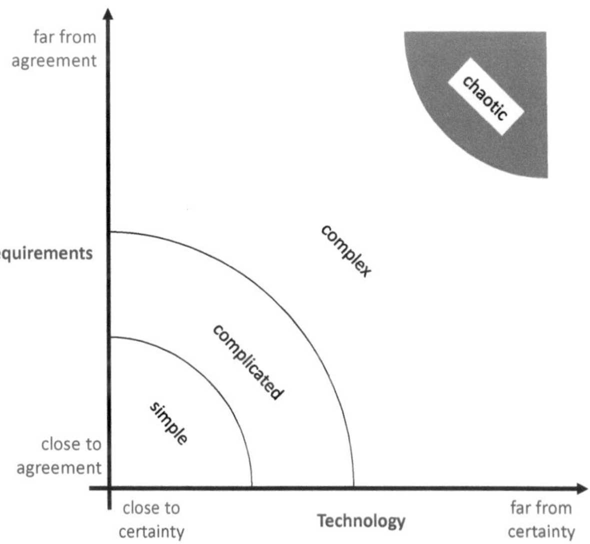

Abbildung 2: Stacey-Matrix

Die für die Produktentwicklung modifizierte Stacey-Matrix trägt auf der horizontalen Achse die Vertrautheit mit der verwendeten Technologie auf, was dem Maß der Sicherheit entspricht. Am Ursprung ist die Technologie maximal vertraut und bekannt, nach rechts hin wird die Unsicherheit immer größer. In gleicher Weise wird auf der vertikalen Achse die Bekanntheit beziehungsweise die Stabilität der Anforderungen, sprich das Maß der Vereinbarung, aufgetragen.

Die Bereiche „simple“ (entspricht „obvious“ bei Cynefin), „complicated“, „complex“ und „chaotic“ werden in der Stacey-Matrix entsprechend Abbildung 2 dargestellt.

Komplexität in der Produktentwicklung entsteht demnach durch die Technologie, durch die Anforderungen oder eine Kombination der beiden. Die diversen Anbieter von Social Media arbeiten zum Beispiel mit bekannten Technologien, müssen jedoch die Anforderungen durch ständige Interaktion mit dem Markt herausfinden und verifizieren. Anders formuliert: Wenn Sie bereits heute wüssten, was Sie programmieren müssten, um nächstes Jahr für eine Milliarde Euro von Facebook gekauft zu werden, würden Sie jetzt nicht dieses Buch lesen.

Als Gegenbeispiel kann die Mondlandung dienen. John F. Kennedy hatte 1961 die Anforderung formuliert, einen Menschen zum Mond und gesund wieder zurück zu bringen. Diese oberste Anforderung war relativ klar. Die zu verwendende Technologie musste jedoch erst entwickelt werden. Ein komplexes Projekt.

Feedback

Lernen, verbessern, anpassen, reagieren – all das erfordert geschlossene Regelschleifen. Insbesondere im komplexen Umfeld sind Feedbackschleifen auf verschiedenen Ebenen notwendig: In der Produktentwicklung gibt es Regelkreise zur Klärung von Anforderungen, zur Optimierung der Arbeitsweise und zur Steuerung des

Projektfortschritts auf der Zeitachse. Die Modelle von Dave Snowden und Ralph Stacey treffen jedoch zu den Arten der Feedback-Schleifen keine klare Aussage, darum betrachte ich hier kurz den Regelkreis zur Absicherung von Anforderungen.

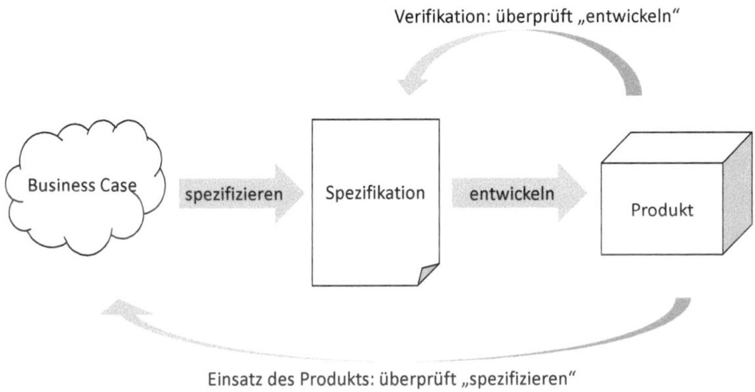

Abbildung 3: Feedback

Wenn man Anforderungen klären will, bekommt man die besten Rückmeldungen, indem man das Produkt einfach praktisch einsetzt. (Abbildung 3): Jemand möchte ein Thema im Business mit einem Produkt lösen. In der Regel soll Umsatz generiert oder es sollen Kosten vermieden werden. Dazu wird eine Spezifikation erstellt, die anschließend in ein Produkt umgesetzt wird. Die zweite Transition, von der Spezifikation ins Produkt, ist die Entwicklung. Sie wird durch Verifikation des Produkts gegen die Spezifikation abgesichert. Viel schwieriger ist es hingegen, die Transition vom Business zur Spezifikation abzusichern. Auch wenn diese Transition perfekt funktionieren würde, kann sich das Business während der Entwicklung ändern – und somit würde die Spezifikation nach Abschluss der Entwicklung nicht mehr zum Business passen. Die beste Art, um diese erste Transition abzusichern, ist das Produkt ins Business zu geben (siehe unterer Pfeil). Bei einem klassischen Entwicklungsprojekt erfolgt dies theoretisch nur einmal, am Ende des Projekts, wenn Zeit und Geld aufgebraucht sind. Anpassungen sind nach dem Feedback durch das Business nicht mehr möglich. Dieses Setup hat in den letzten Jahrzehnten oft zwei Verlierer erzeugt: Kunde und Entwickler.

Natürlich ist das Thema in der Praxis differenzierter. So wird in der Automobilindustrie diese Feedbackschleife in sogenannten Musterphasen mehrfach durchlaufen. Für einen „probe-sense-respond-Ansatz" in einer komplexen Welt müssen diese aber noch deutlich schneller werden. Falls Sie die Umsetzung von agilen Ansätzen in der Entwicklung physischer Produkte veranschaulichen wollen, ist dieses einfache Diagramm ein wichtiger Katalysator für Diskussionen und Definitionen: Welche Ergebnisse können Sie in einem Zeitraum von wenigen Wochen generieren und wer kann belastbare Rückmeldungen zu diesen Ergebnissen liefern?

Agile Entwicklung

Überblick

Nachdem in den 1980ern und 1990ern viele Software-Projekte aufgrund ihrer Komplexität gescheitert waren, entstand eine Bewegung, die seit 2001 unter dem Begriff „Agile Entwicklung“ bekannt ist. Sie vertritt die Auffassung, dass für Entwicklungsprojekte die lange Zeit verwendeten wasserfallartigen, phasengetriebenen Vorgehensmodelle nicht geeignet sind, wenn die Produktanforderungen oder die verwendete Technologie, oder gar beides, unbekannt sind. Agilität begegnet diesen Herausforderungen durch eine emergente Vorgehensweise, eine iterativ-inkrementelle Entwicklung.

Während bei unbekannten Technologien schon bisher, eher intuitiv, mit Prototypen und Feedbackschleifen gearbeitet wurde, war man lange der Meinung, dass sich bereits bei Projektbeginn die Anforderungen an das zu entwickelnde Produkt eindeutig festlegen lassen. Es gibt verschiedene Definitionsansätze für „Agile Produktentwicklung“. Ich würde sie mit den folgenden vier Attributen beschreiben:

- Selbstorganisiertes, teambasiertes Arbeiten
- Iterativ-inkrementelle Entwicklung
- Getaktetes Arbeiten, häufige Auslieferung
- Wille zur ständigen Verbesserung der Organisation

Seit den 1990ern sind verschiedene agile Ansätze entstanden. Der bekannteste ist Scrum, das heute in der Software-Entwicklung als de-facto Standard gilt.

Das agile Manifest

Das Agile Manifest, im Original „Manifesto for agile Software Development“ kurz „Agile Manifesto“, entstand 2001 auf einer Konferenz in Utah. 17 bedeutende Experten für neue Ansätze in der Software-Entwicklung einigten sich in einer Diskussion darauf, was für sie agile Softwareentwicklung ausmacht. Dieses Dokument ist auch heute noch die Referenz für die Beurteilung der eigenen Arbeitsweise und hat nach fast 20 Jahren nichts an seiner Aktualität und Bedeutung verloren. Das Agile Manifest gliedert sich in vier Werte beziehungsweise Wertepaare und 12 Prinzipien, auf die ich im Folgenden kurz eingehen möchte (Beck et al., 2001).

Die vier Wertepaare im agilen Manifest lauten:

We are uncovering better ways of developing software by doing it and helping others do it. Through this work we have come to value:

- *Individuals and interactions over Processes and tools*
- *Working software over Comprehensive documentation*
- *Customer collaboration over Contract negotiation*
- *Responding to change over Following a plan*

That is, while there is value in the items on the right, we value the items on the left more.

Die deutsche Übersetzung auf der Website agilemanifesto.org:

Wir erschließen bessere Wege, Software zu entwickeln,
indem wir es selbst tun und anderen dabei helfen.
Durch diese Tätigkeit haben wir diese Werte zu schätzen gelernt:

- *Individuen und Interaktionen mehr als Prozesse und Werkzeuge*
- *Funktionierende Software mehr als umfassende Dokumentation*
- *Zusammenarbeit mit dem Kunden mehr als Vertragsverhandlung*
- *Reagieren auf Veränderung mehr als das Befolgen eines Plans*

Das heißt, obwohl wir die Werte auf der rechten Seite wichtig finden, schätzen wir die Werte auf der linken Seite höher ein.

Wenn Sie dies zum ersten Mal lesen, sind Sie vielleicht verunsichert, denn vermutlich sind bei Ihrer bisherigen Arbeit die Werte, die jeweils rechts des Wortes „over“ stehen, von zentraler Bedeutung. Auch wenn es von vielen anders interpretiert wird: Das Agile

Manifest streitet die Bedeutung dieser Werte nicht ab, sondern bekräftigt im letzten Satz deren Bedeutung.

Interessant ist dabei der Gedanke, dass Werte alleine keine Bedeutung haben können, sondern sich nur als Wertepaare sinnvoll anwenden lassen. Betrachten Sie zum Beispiel den Wert „Ehrlichkeit" isoliert. Ehrlichkeit klingt gut, kann aber für sich alleine genommen keinen Wert bilden. Denn wenn Sie einer Person, der Sie nicht zugetan sind, ehrlich die Meinung sagen, hat das vermutlich negative Auswirkungen auf das soziale Gefüge zwischen Ihnen. Der balancierende Wert wäre in diesem Fall „Respekt". In der Regel werden Sie im Umgang mit unliebsamen Mitmenschen unbewusst versuchen, die Werte Ehrlichkeit und Respekt in eine Balance zu bringen. Wobei immer einer der Werte leicht dominieren wird.

Sehen wir die Wertepaare des Agilen Manifests aus diesem Blickwinkel, lesen wir nicht mehr – was leider oft geschieht – umfassende Dokumentation sei nicht mehr wichtig, sondern dass umfassende Dokumentation, als isolierter Wert, ohne funktionierende Software in eine Sackgasse führt. Das gemeinsame Wachsen beider Werte eines Wertepaares ist also substanziell, um in Balance zu bleiben. Keine Seite darf demzufolge alleine gefördert werden.

Oft erlebe ich, wie mit Hilfe des Agilen Manifests gegen Agilität argumentiert wird, weil seine sehr kompakte Formulierung leicht Fehlinterpretationen zulässt. Von Berufs wegen eher vorsichtige Kolleginnen und Kollegen, die sich mit Qualitätssicherung, funktionaler Sicherheit oder Prozessreifegradmodellen befassen, verwenden manchmal das Manifest als Beweis dafür, dass agile Entwicklung in ihrer Branche nicht funktionieren kann. Diskussionen anhand des Manifests können also unter Umständen zu Irritationen führen. Der Ansatz der balancierten Wertepaare hilft Ihnen bei einer ausgewogenen Interpretation dieser kurzen Statements: Wie legen Sie die Wertepaare für Ihre Branche, Ihre Organisation, Ihr Business aus?

Neben den vier Wertepaaren listet das Manifest 12 Prinzipien auf, die der Leitfaden für die Gestaltung der täglichen Arbeit sind. Sie beruhen nicht auf abstrakten Denkansätzen, sondern sind eine Sammlung der „Good Practices“ erfahrener Software-Entwickler und Projektleiter. Die Prinzipien unterstützen alle Beteiligten dabei, die aktuelle Vorgehensweise zu reflektieren oder zu verändern.

The Agile Manifesto is based on 12 principles:

1. *Our highest priority is to satisfy the customer through early and continuous delivery of valuable software.*
2. *Welcome changing requirements, even late in development. Agile processes harness change for the customer's competitive advantage.*
3. *Deliver working software frequently, from a couple of weeks to a couple of months, with a preference to the shorter timescale.*
4. *Business people and developers must work together daily throughout the project.*
5. *Build projects around motivated individuals. Give them the environment and support they need, and trust them to get the job done.*
6. *The most efficient and effective method of conveying information to and within a development team is face-to-face conversation.*
7. *Working software is the primary measure of progress.*
8. *Agile processes promote sustainable development. The sponsors, developers, and users should be able to maintain a constant pace indefinitely.*
9. *Continuous attention to technical excellence and good design enhances agility.*
10. *Simplicity – the art of maximizing the amount of work not done – is essential.*
11. *The best architectures, requirements, and designs emerge from self-organizing teams.*
12. *At regular intervals, the team reflects on how to become more effective, then tunes and adjusts its behavior accordingly.*

Auch hier die offizielle Übersetzung:

Wir folgen diesen Prinzipien:

1. *Unsere höchste Priorität ist es, den Kunden durch frühe und kontinuierliche Auslieferung wertvoller Software zufrieden zu stellen.*
2. *Heiße Anforderungsänderungen selbst spät in der Entwicklung willkommen. Agile Prozesse nutzen Veränderungen zum Wettbewerbsvorteil des Kunden.*
3. *Liefere funktionierende Software regelmäßig innerhalb weniger Wochen oder Monate und bevorzuge dabei die kürzere Zeitspanne.*
4. *Fachexperten und Entwickler müssen während des Projektes täglich zusammenarbeiten.*
5. *Errichte Projekte rund um motivierte Individuen. Gib ihnen das Umfeld und die Unterstützung, die sie benötigen und vertraue darauf, dass sie die Aufgabe erledigen.*
6. *Die effizienteste und effektivste Methode, Informationen an und innerhalb eines Entwicklungsteams zu übermitteln, ist im Gespräch von Angesicht zu Angesicht.*
7. *Funktionierende Software ist das wichtigste Fortschrittsmaß.*
8. *Agile Prozesse fördern nachhaltige Entwicklung. Die Auftraggeber, Entwickler und Benutzer sollten ein gleichmäßiges Tempo auf unbegrenzte Zeit halten können.*
9. *Ständiges Augenmerk auf technische Exzellenz und gutes Design fördert Agilität.*
10. *Einfachheit - die Kunst, die Menge nicht getaner Arbeit zu maximieren - ist essenziell.*
11. *Die besten Architekturen, Anforderungen und Entwürfe entstehen durch selbstorganisierte Teams.*
12. *In regelmäßigen Abständen reflektiert das Team, wie es effektiver werden kann und passt sein Verhalten entsprechend an.*

Zusammenfassung

Agile Produktentwicklung geht weit über die Idee einer neuen Projektmanagement-Methode hinaus. Agile Produktentwicklung will die bestehende Organisation verändern und wettbewerbsfähiger machen. Die Herausforderung dabei: Agilität funktioniert nicht innerhalb bestehender Strukturen, Denkmodelle und Systeme – sie nimmt für sich in Anspruch, an diesen Aspekten zu arbeiten und sie zu verändern. Agile Produktentwicklung hat zum Ziel, jene Hindernisse aus dem Weg zu räumen, die der Produktentwicklung in den letzten 100 Jahren in den Weg gelegt wurden.

Basis hierfür sind drei Erkenntnisse, die traditionelle Vorgehensmodelle und Kulturen in Frage stellen:

- Es sind die Entwickler, die in einer Entwicklungsorganisation für die Wertschöpfung sorgen. Unterstützende Prozesse wie Qualität, Einkauf und Management müssen sich dem Entwicklungsprozess unterordnen, um die Organisation erfolgreich zu machen.
- Produktentwicklung ist nicht in dem Maße planbar wie Produktionsprozesse. Die Variabilität in der Entwicklung anzunehmen und Transparenz und Wahrheiten zu akzeptieren, ist Grundlage dieser neuen Philosophie.
- Die Kraft und die Innovationen, die ein Unternehmen vom Wettbewerb abheben, haben ihren Ursprung in Menschen, nicht in Prozessen. Die Prozesse müssen sich folglich nach den Menschen richten, nicht umgekehrt. Die kontinuierliche Verbesserung der Abläufe ist ein wesentlicher Wettbewerbsvorteil.

Viele dieser Denkweisen entstanden bereits in den 1950ern in der Produktion bei Toyota. Matthew May, ein erfahrener Trainer an der Toyota Akademie, hat die Gemeinsamkeiten auf den Punkt gebracht (Mezick, 2012):

„Mir ist es egal, wie Ihr es nennt ... wie auch immer das Vorgehen heißt. Wenn es gut ist, kann es auf zwei Dinge reduziert werden: Die Verpflichtung, die Menschen zu respektieren, und die Verpflichtung, nach ständiger Verbesserung zu streben."

People are already doing their best; the
problems are with the system.
Only management can change
the system.
W. Edwards Deming

Produktion und Lean

Warum Produktion?

Viele Ideen, die sich heute in den agilen Ansätzen widerspiegeln, haben ihren Ursprung im Prinzip der Flussoptimierung der Produktion. In diesem Kapitel gehe ich auf ein paar wichtige Aspekte der Produktionsoptimierung sowie auf das Thema „Lean Development" ein.

Traditionell werden Fertigungen zentral gesteuert. Die Planung der Arbeitsabläufe umfasst dann sowohl den Materialfluss, wie auch die Arbeitspläne für einzelne Fertigungsschritte. Auch wenn die Bearbeitungszeiten relativ konstant sind, kommt es in der Praxis doch oft zu Kapazitätsschwankungen, zum Beispiel durch Maschinenausfälle, Krankheit oder „Sonderaufgaben". Dadurch muss in solchen zentralen Produktionsplanungs- und Steuerungssystemen (PPS-System) ständig gemessen und geregelt werden, um die Fertigung am Laufen zu halten. Dies ist normalerweise nur durch einen entsprechenden IT-Einsatz möglich. Traditionelle Fertigung setzt auf die Steigerung der lokalen Effizienz durch große Losgrößen und eine hohe Auslastung der Menschen und Produktionsanlagen. Im Gegensatz dazu stehen die Konzepte, die ich auf den folgenden Seiten darstelle.

Umdenken in der Produktion

Toyota Produktionssystem (TPS)

Ende der 1940er-Jahre begann Taiichi Ohno bei Toyota damit, die Fahrzeugproduktion zu optimieren. Sein Antrieb war die schlechte Ressourcenlage in Japan während des zweiten Weltkriegs sowie in der Zeit danach (Ohno, 2013). Ziel war es, die in Japan vorherrschende Variantenvielfalt bei kleinen Stückzahlen kosteneffizient zu produzieren. Sein Mittel dazu war, die Verschwendung in der Produktion zu verringern: Dazu steigerte er die Qualität im Prozess so, dass bei der Endprüfung weniger Ausschuss entstand. Als weitere Verschwendungsart, neben dem Ausschuss, identifizierte Ohno das Anlegen von Lagern, also von Puffern. Puffer werden verwendet, um Schwankungen im Prozess kompensieren zu können, die durch Qualitätsprobleme und fehlerhafte Planung entstehen. Ohno begann damit, jene Probleme zu lösen, die zur Pufferbildung geführt hatten, um so die Puffer zu minimieren oder ganz wegfallen zu lassen. Die Schlüsselidee war, das Material immer zum richtigen Zeitpunkt an die Fertigungslinie zu liefern und somit Zwischenlager überflüssig zu machen. Dieses Konzept kennen wir heute als „Just in Time" (JIT). Schlüssel zur JIT-Produktion war eine Form der Produktionssteuerung, die beim letzten Prozessschritt ansetzte und jeweils bei den vorgelagerten Schritten Material anforderte: Kanban, ein sogenanntes „Pull-System".

Für mich ist dabei folgender Aspekt wichtig: Ohno wandelte die Sichtweise auf die Produktion von der lokalen Optimierung der einzelnen Prozessschritte hin zu einer Ende-zu-Ende-Betrachtung. Halbfertige Erzeugnisse verursachen durch den Kapitalwert der Bestände und durch die Lagerhaltung Kosten und verlangsamen gleichzeitig den Durchsatz in der Fertigung. Durch die lange Laufzeit großer Losgrößen kommt auch erst später Geld in die Kasse. Verstopfte Produktionen sind also ein betriebswirtschaftlich relevanter Faktor. Alleine die Verringerung der Losgröße hin zur Losgröße eins („One Piece Flow") reduzierte bei Toyota die Durchlaufzeit um 90 Prozent. Damit diese kleineren Losgrößen wirtschaftlich blieben, musste Ohno große Anstrengungen unternehmen, um die Rüstkosten zu reduzieren.

Neben der Verkleinerung der Losgrößen war für Ohno ein zentrales Element, schon innerhalb des Prozesses Qualität zu erzeugen und nicht erst am Ende des Prozesses „hinzuzufügen". In der neuen End-to-End-Betrachtung war es für das Unternehmen günstiger, bei Qualitätsproblemen die Fertigung zu stoppen, um das Problem sofort und nachhaltig zu lösen, statt den Schwerpunkt auf eine hohe Auslastung zu setzen und die problembehafteten Fahrzeuge am Ende des Bandes nachzubearbeiten. Neu war auch, dass nun der Arbeiter am Band über den Bandstopp entscheiden konnte, ohne seinen Vorarbeiter oder eine andere Management-Instanz konsultieren zu müssen. Eine der Kernaussagen des TPS ist damit für mich: Jene Kosten, die durch geringere Bestände und das Vermeiden von Verschwendung eingespart werden, sind in der Regel deutlich höher als die Kosten, die zum Beispiel durch die geringere Auslastung entstehen, wenn ein Band gestoppt wird.

Eine von Ende zu Ende effiziente Prozesskette basiert immer auf lokalen Ineffizienzen der einzelnen Prozessschritte.

Die Organisation, also Mitarbeiter und Manager, muss damit umgehen können, dass es vollkommen in Ordnung ist, wenn ein Mitarbeiter einmal nichts zu tun hat oder eine Produktionsmaschine stillsteht. Vorrang haben immer das sofortige Lösen von entdeckten Problemen und die Aufrechterhaltung der Durchlaufzeit bei gleichbleibender Qualität. In den 1980er-Jahren wurden die Prinzipien von James Womack und anderen aufgegriffen und sind seither aufgrund der Verschlankung der Bestände unter dem Begriff „Lean" oder „Lean Production" in den Sprachgebrauch eingegangen.

Kanban in der Produktion

Als Taiichi Ohno auf der Suche nach einer Steuerungsmöglichkeit für sein Just-In-Time-Konzept war, ließ er sich von der Logistik amerikanischer Supermärkte inspirieren. Supermärkte bestellten damals Ware nicht auf Basis von zentralen Planungen und Abschätzungen, sondern anhand des tatsächlichen Verbrauchs. Wurde ein bestimmter Bestand im Markt unterschritten, wurde das entsprechende Produkt bestellt. Ich schreibe bewusst „damals", denn heute wird zum Teil über statistische Verfahren auf Basis der verfügbaren Umsatz- und Umgebungsdaten der Verbrauch vorhergesagt und die Logistik entsprechend gesteuert – und das überraschend präzise.

Prinzipiell funktioniert das Auffüllen der Regale über die Daten der elektronischen Kassen, aber auch heute kann man in manchen Märkten ein physisches Kanban-System entdecken: Manchmal taucht vor dem drittletzten Produkt im Regal eine Karte auf, die dem Marktpersonal signalisiert, dieses Produkt nachzubestellen. Damit bin ich auch schon bei der wörtlichen Bedeutung des japanischen Wortes Kanban, das sich in diesem Kontext mit „Karte" oder etwas freier als „Signalkarte" übersetzen lässt.

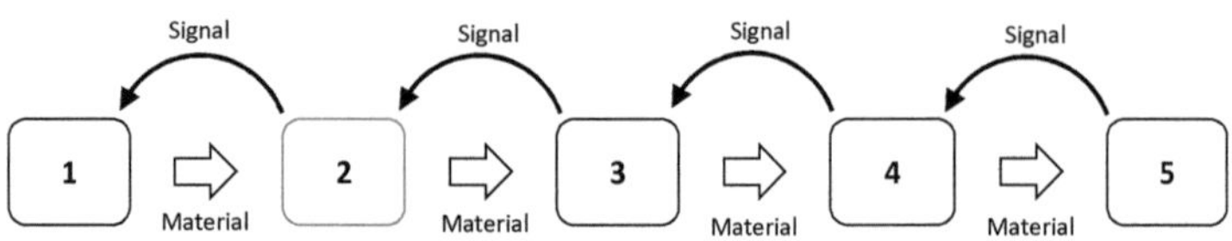

Abbildung 4: Kanban in der Produktion

Während in der zentral gesteuerten Fertigung, wie beschrieben, auf der Suche nach der maximalen Effizienz Teile auf Vorrat produziert wurden, darf eine Fertigungsstation im Kanban-System nur Teile produzieren, wenn sie dazu vom nachfolgenden Prozessschritt die entsprechende Erlaubnis in Form einer Kanban-Karte oder eines leeren Kanban-Containers erhält. Dies bedeutet – Sie wissen es schon –, dass Maschinenstillstand in Kauf genommen wird, um die Bestände klein zu halten und den Fluss in der Fertigung aufrecht zu erhalten.

Bei Kanban fordert demnach jeder Prozessschritt bedarfsgesteuert bei seinem Vorgänger eine Fertigungstätigkeit an. Diese Steuerung zieht sich von Schritt zu Schritt durch den ganzen Fertigungsprozess (Abbildung 4). So gesehen wird das zu bearbeitende Material vom letzten Prozessschritt, genau genommen vom Kunden, durch den Prozess „gezogen". Daher wird Kanban auch als Pull-System bezeichnet. Im Gegensatz dazu „schiebt" eine zentrale Produktionssteuerung das Material vom Rohmateriallager in die Fertigung, sie ist somit ein Push-System. Beachten Sie beim Vergleich von Push und Pull, dass die beiden Systeme jeweils am genau anderen Ende der Prozesskette ansetzen. Push steuert vom Prozessanfang, Pull vom Prozessende her.

An dieser Stelle möchte ich eine Diskussion vorwegnehmen: Push-Systeme können genauso effektiv sein wie Pull-Systeme, sie können ebenso mit kleinen Beständen gefahren werden. Es gibt jedoch einen wesentlichen Unterschied: Damit ein Push-System in Sachen Durchsatz auf das Level eines Pull-Systems kommt, muss ein nicht unerheblicher Aufwand in die Messung und Steuerung der Prozesskette gesteckt werden. Pull-Systeme hingegen regeln sich automatisch auf das durch ihre Gestaltung angestrebte Optimum ein.

Engpasstheorie und Drum-Buffer-Rope

Unabhängig von den bei Toyota entwickelten Ansätzen ist Jahrzehnte später ein anderes Pull-System in der Produktion entstanden: das sogenannte Drum-Buffer-Rope System (DBR), das sich aus der Engpasstheorie entwickelt hat. Dieses war zunächst die Basis für den Einsatz von Kanban in der Entwicklung, das ich in einem späteren Kapitel vorstelle.

In den 1970er- und 1980er-Jahren entwarf der israelische Physiker Eliyahu Goldratt mehrere Denkmodelle, um sein Verständnis von Abläufen in Unternehmen zu beschreiben und fasste diese als „Engpasstheorie“ – im Original „Theory of Constraints“ (TOC) – zusammen. Goldratts Vorteil war, dass er als Physiker eine sehr analytische Denkweise hatte, aber keinerlei Erfahrungen in Industrieunternehmen. Dadurch konnte er, ohne durch mentale Modelle vorbelastet zu sein, eine neutrale Sicht auf die „üblichen“ Probleme in Produktionsabläufen entwickeln. Die Engpasstheorie entstand eher zufällig, als Goldratt einen Freund bei der Optimierung einer Hühnerkäfig-Produktion unterstützte (Techt, 2010).

Kern dieser Theorie ist eine Produktionssteuerung, die sich am Engpass in der Prozesskette orientiert und diesen als Steuerungsinstrument benutzt. Zur Erläuterung seines Modells wählte Goldratt die Geschichte von der Wanderung der Pfadfinder, die ich hier kurz wiedergebe (Goldratt & Cox, 1984): Eine Gruppe Pfadfinder hat den Auftrag, von A nach B zu marschieren. Der Weg ist ein schmaler Pfad, auf dem nicht überholt werden kann. Das Ziel ist erst erreicht, wenn alle Pfadfinder im Ziel sind. Die Analogie zur Produktion: Die Rechnung kann erst geschrieben werden, wenn alle Prozessschritte für den Auftrag abgearbeitet wurden. Außerdem sollte die Gruppe möglichst wenig Strecke auf dem schmalen Weg blockieren, also nur wenige Ressourcen belegen.

Abbildung 5: Wanderung der Pfadfinder

Wenn die Wanderung der Pfadfinder startet, sieht die Gruppe kurze Zeit nach dem Start in etwa so aus wie in Abbildung 5: Vorne ist die

Gruppe auseinandergezogen, denn jeder Pfadfinder hat eine eigene Geschwindigkeit. Ab einem gewissen Punkt in der Gruppe gehen alle Pfadfinder dicht an dicht. Der Grund dafür: Der Pfadfinder an der Spitze des „dichten" Bereichs ist der langsamste Teilnehmer der gesamten Gruppe. Hinter ihm stauen sich die Pfadfinder, die schneller gehen könnten, mangels Überholmöglichkeit aber gebremst werden. Goldratt hat den langsamsten Pfadfinder „Herbie" getauft, den ich hier im Weiteren auch verwenden werde. Fall Sie auf den Namen Herbie hören, bitte ich um Nachsicht und etwas Geduld, denn am Ende der Geschichte wird Herbie der Wichtigste in der Gruppe sein.

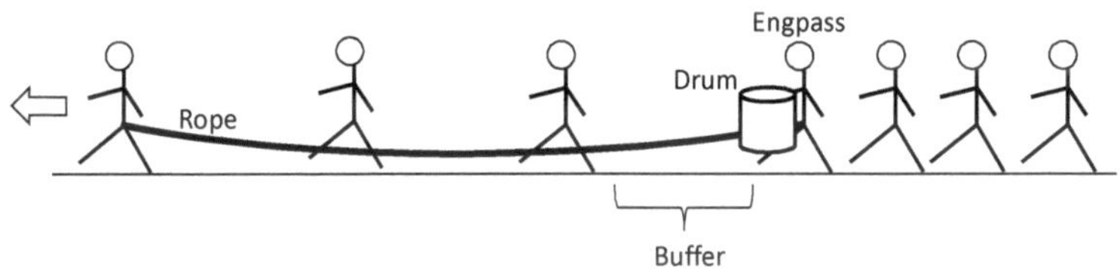

Abbildung 6: Pfadfinder mit Drum-Buffer-Rope

Um die Gruppe nun möglichst schnell und mit wenig Ressourcenverbrauch ins Ziel zu bekommen, hat sich Goldratt folgende Steuerung überlegt (Abbildung 6):

1. Die Gruppe muss sich in ihrer Geschwindigkeit an Herbie orientieren. Darum bekommt Herbie eine Trommel („Drum"), die er in seinem Tempo schlagen muss. Alle anderen müssen im Takt dieser Trommel gehen. Die Pfadfinder mit den längeren Beinen sind trotzdem noch etwas schneller.
2. Vor Herbie muss ein gewisser Freiraum bleiben, es muss ein Puffer („Buffer") aufgebaut werden. Hintergrund: Wenn Herbie stehen bleibt, kann die Gruppe diese Unterbrechung nicht wieder aufholen, denn Herbie ist der Langsamste von allen. Wenn der Pfadfinder vor Herbie nun seinen Schuh binden

muss, muss der Puffer so groß sein, dass der pausierende Pfadfinder wieder startklar ist, bevor Herbie auf ihn aufläuft.

3. Nicht nur der Kamerad vor Herbie kann plötzlich einen offenen Schuh oder ein anderes Problem haben, auch Herbie kann dieses Schicksal ereilen. Wenn Herbie seinen Schuh binden muss, ist diese Zeit für die Gruppe ohnehin verloren. Doch da das Ziel erst erreicht wird, wenn alle im Ziel sind, und mit dem Pfad „sparsam" umgegangen werden soll, ergibt es keinen Sinn, wenn bei einer Unterbrechung durch Herbie alle vor ihm weitergehen und die Gruppe dadurch auseinandergezogen wird. Um dies zu verhindern, nimmt Goldratt ein Seil („Rope"), bindet das eine Ende um den Bauch von Herbie und das andere Ende um den Bauch des ersten Pfadfinders in der Gruppe. Wenn also Herbie stoppt, stoppt die ganze Gruppe.

Ich finde dieses Bild der Pfadfinder gut, um die Engpass-Gedankenwelt zu verstehen. Die Umsetzung in der Produktion erschließt sich daraus aber noch nicht ganz, darum möchte ich noch kurz auf das Drum-Buffer-Rope-Konzept in der Produktion eingehen.

Wenn eine Produktion mit DBR gesteuert werden soll, muss zunächst der Engpass identifiziert werden, was sich oft durch das sichtbar aufgestaute Material vor dem Engpass erkennen lässt. So wie bei den Pfadfindern soll die Steuerung vom Engpass ausgehen. In der Praxis wird die Reihenfolge der Aufträge am Engpass geplant, das entspricht der Trommel. Alle Schritte vor und nach dem Engpass arbeiten ohne weitere Planung, nach dem Prinzip First-in-first-out (FIFO). Vor dem Engpass wird ein Puffer mit Material aufgebaut, so dass der Engpass immer versorgt wird, auch wenn die Prozessschritte vor ihm Probleme mit dem Durchsatz haben. Damit die Fertigung nicht in alter Push-Manier vollläuft, wenn der Engpass ein Problem hat, wird eine neue Materialeinspeisung in den Fertigungsprozess erst freigegeben, wenn der Engpass einen Job erledigt hat. Das ist das Seil (Abbildung 7).

In der Praxis wird der Puffer nicht über Stückzahlen definiert, sondern über die Vorlaufzeit der Materialeinspeisung. Wenn also derzeit Auftrag x am Engpass bearbeitet wird, so wird bei dessen Fertigstellung am Engpass der Auftrag x+n (für n>1) in den Prozess eingesteuert. Über die Zahl n ergibt sich automatisch eine bestimmte Puffergröße. Somit wird die Einspeisung von weiterem Material blockiert, wenn der Engpass Probleme mit dem Durchsatz hat. Drum-Buffer-Rope (DBR) ist somit auch ein Pull-System.

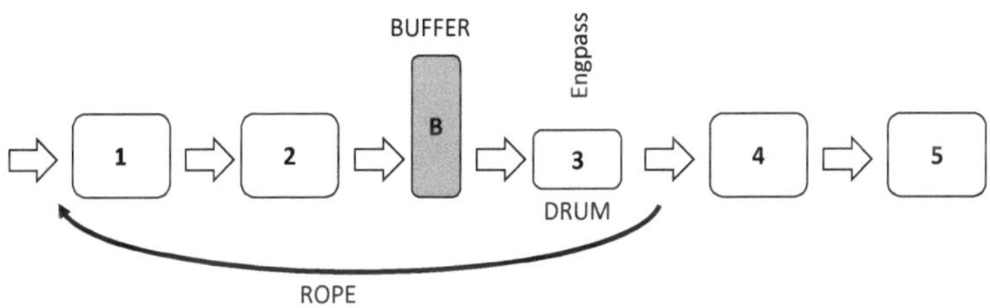

Abbildung 7: Drum-Buffer-Rope in der Produktion

Wichtige Konzepte und Begriffe

Work in Process (WIP)

An den beiden Pull-Systemen Drum-Buffer-Rope und Kanban erkennen Sie, dass Pull-Systeme nur dann Material in das System ziehen, wenn es auch zeitnah bearbeitet werden kann. Hier möchte ich den Begriff des „Work in Process", kurz „WIP", einführen, denn WIP wird uns immer wieder in der agilen Welt begegnen. Hinweis: Immer wieder wird WIP mit „Work in Progress" erklärt. Aus meiner Sicht ist dies nicht ganz präzise, ich bevorzuge „Work in Process". Es geht darum, wie viel Arbeit aktuell im System, also im Prozess, ist und nicht woran gerade gearbeitet wird. Halbfertige Erzeugnisse zählen zum WIP, sind aber derzeit nicht „in progress".

Pull-Systeme limitieren ohne Regelungseingriff von außen automatisch den WIP. In der Fertigung hat das mehrere Vorteile: Die Bestände in der Fertigung werden geringer, was Kosten einspart. Die Durchlaufzeiten werden kürzer, was einen früheren Geldfluss ermöglicht. Beide Effekte sind eine Folge des kontinuierlichen Materialflusses in Pull-Systemen. Der Fluss ist bei Kanban in der Regel kontinuierlicher als bei Drum-Buffer-Rope. Letzteres hat den Nachteil, dass durch Rope und Buffer das Füllen und Leeren des Systems immer mit einer gewissen Verzögerung passiert, was im Extremfall zu einem Aufschwingen der Pull-Steuerung zwischen „ganz voll" und „ganz leer" führen kann (Reinertsen, 2009). Kanban-Systeme füllen sich also nach Störungen schneller wieder. Dennoch ist DBR ein bewährtes und einfaches Pull-System in der Fertigung, das zum Beispiel in den USA deutlich weiter verbreitet ist als in Europa.

WIP-Limitierungen erhöhen nicht nur den Durchsatz, sie machen auch systemische Probleme transparent. Bei hohem WIP kann die Organisation bei Störungen oder Problemen an diesen vorbei arbeiten – es ist ja genügend Arbeit im Prozess. Bei limitiertem WIP kann ein Problem zu einer Blockade des ganzen Systems führen. So werden Probleme schnell entdeckt und können, wie bei Toyota in der Produktion, sofort angegangen werden. Das liefert laufend kleine Verbesserungen, ausgelöst durch die Blockaden im Pull-System. Mein Lieblings-Slogan dazu: „Die Blockade ist das Gold-Nugget des Prozessverbesserers."

In der Entwicklung und im Projektmanagement hat eine WIP-Limitierung einen bedeutenden Vorteil: Sie verringert schädliche Kontextwechsel bei den handelnden Personen. Mehr dazu finden Sie im Kapitel „Menschen und Teams".

Lead Time und Cycle Time

Hier stelle ich noch kurz zwei wichtige Begriffe dar, die für das Verständnis der Lean-Ansätze wichtig sind. Es geht um die Begriffe Lead Time (Lieferzeit) und Cycle Time (Durchlaufzeit). Die Lieferzeit ist die Zeit vom Einstellen einer Aufgabe in ein System bis zu deren Erledigung, während die Durchlaufzeit jene Zeit ist, die eine Aufgabe im Prozess benötigt. Abbildung 8 verdeutlicht den Unterschied.

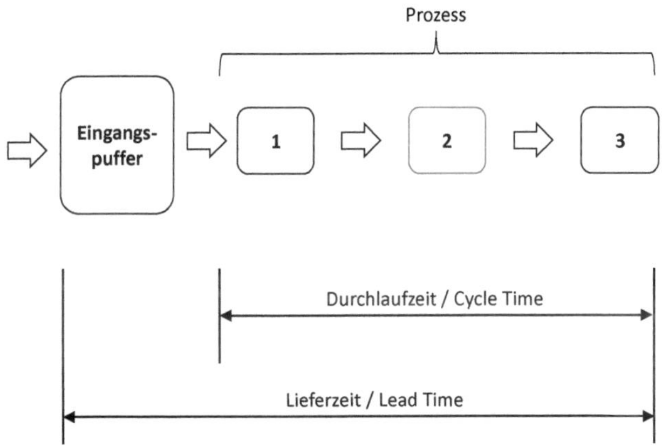

Abbildung 8: Lead Time und Cycle Time

Die Differenz zwischen Lead und Cycle Time ist also die Liegezeit der Aufgaben im Eingangspuffer. Bei ungesteuerten Prozessen ohne Eingangspuffer landen alle Aufgaben direkt im Prozess, hier sind beide Zeiten identisch. Der Begriff WIP bezieht sich wie beschrieben auf die Aufgaben im Prozess.

Ziel aller Lean-/agilen Ansätze ist, einen Eingangspuffer einzuführen und die Cycle Time deutlich zu reduzieren, indem an weniger Dingen gleichzeitig bearbeitet wird. Die Lieferzeit über alle Projekte ändert sich dadurch zunächst wenig. In der Praxis ist jedoch die auf ein System treffende Nachfrage in der Produktentwicklung immer größer als dessen Kapazität. Ziel muss daher sein, durch ein bewusstes Setzen von Prioritäten die wichtigen und dringenden Dinge zuerst in das System zu geben und diese innerhalb kürzester Zeit geliefert zu bekommen.

Losgrößen

Ein Los, englisch „batch", ist eine Einheit identischer Produkte, die zusammen durch die Fertigung gesteuert werden. Im Gegensatz zur Einzelanfertigung in manufakturähnlichen Umgebungen bringt die losbasierte Fertigung große Kostenvorteile. Je größer die Losgröße ist, desto seltener müssen die Maschinen zwischen den Aufträgen umgerüstet werden – mit einer Einstellung der Maschine werden hunderte oder tausende Teile gefertigt. Diese sogenannten Rüstkosten müssen auf das einzelne Fertigungsstück umgelegt werden, dadurch ergibt sich qualitativ eine Kurve wie in Abbildung 9.

Durch den Fokus auf Auslastung und Fertigungskosten im Zeitalter der Massenproduktion gingen die Nachteile großer Lose zunächst einmal unter. Große Lose machen die Fertigung unflexibel, wenn im Sinne der Kunden die Aufträge neu priorisiert werden sollen. Große Lose blockieren gewissermaßen die Fertigung, was neben der fehlenden Flexibilität auch hohe Kosten durch das in der Fertigung befindliche Material mit sich bringt: Die Rohmaterialien und

Zukaufteile müssen in großem Umfang vorfinanziert werden, die Erlöse kommen durch die lange Durchlaufzeit großer Lose erst relativ spät. Insgesamt ergibt sich aus der Summe von Rüst- und Kapitalkosten eine Kurve der Gesamtkosten, an deren Scheitel das Kosten-Optimum liegt. So kann die optimale Losgröße ermittelt werden.

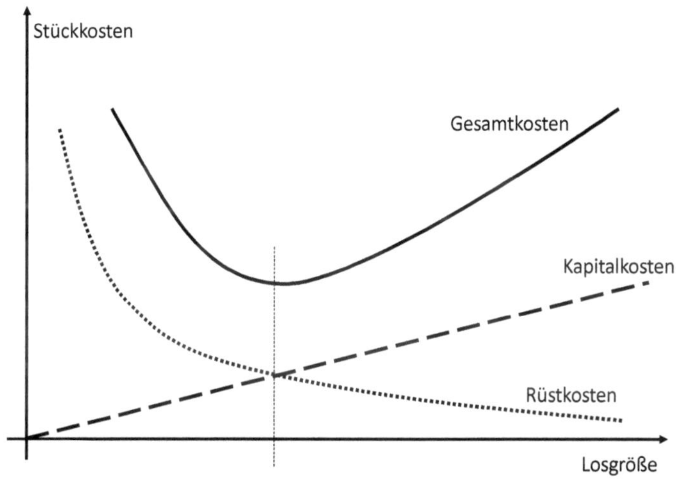

Abbildung 9: Kosten bei verschiedenen Losgrößen

Für das Verständnis ist der Unterschied zwischen Fertigungs- und Transportlosen wichtig. In der Produktion wird bei großen Losen für den Transport zwischen zwei Arbeitsschritten nicht immer auf das ganze Los gewartet. Einzelne Teile oder Transportbehältnisse werden weitertransportiert, bevor der entsprechende Arbeitsschritt das ganze Los bearbeitet hat. Transportlose eines Auftrags sind also oft kleiner als Fertigungslose.

Lean Development

Neben dem Toyota Produktionssystem zogen auch die Ansätze in der Produktentwicklung die Aufmerksamkeit der amerikanischen Berater und Autoren auf sich: Wie gelang es Toyota, neue Fahrzeuge doppelt so schnell auf den Markt zu bringen als die US-amerikanischen Hersteller – bei gleichzeitig hervorragender Qualität? Das ist die Welt des Lean Development. Diese Art des Denkens möchte ich hier kurz vorstellen.

Verschwendung in der Produktentwicklung

Die Verringerung bzw. die Vermeidung von Verschwendung ist ein essenzieller Ansatz in der „Lean Production". Verschwendungsarten wie zum Beispiel Nacharbeit, unnötige Wege oder Überlastung können leicht auf die Arbeit in der Produktentwicklung übertragen werden. Zusätzlich wurden von Allan Ward Verschwendungsarten vorgestellt, die sich auf die grundsätzlich andere Arbeit in der Produktentwicklung beziehen (Ward, 2012). Diese sind:

- Zerstreuung: Zerstreuung lenkt vom Wesentlichen ab. Sie entsteht, zum Beispiel durch unnötiges Reporting, Überlastung, ständige Rückfragen, Organisationsveränderungen.
- Kommunikationsbarrieren: Zu den typischen Barrieren, die Reibung verursachen und die Qualität verschlechtern, zählen verteilte Teams, soziale Barrieren wie harte Rollendefinitionen, unerreichbare Manager oder das Nicht-Ernstnehmen von rangniedrigeren Kollegen. Aber auch auf technischer Ebene kann es Barrieren geben, wie zum Beispiel fehlende Schnittstellen.
- Schlechte Werkzeuge: Hier geht es nicht nur um Software-Werkzeuge, sondern etwas allgemeiner auch um Prozesse oder Arbeitsanweiseungen, die die Arbeit unnötig ausbremsen, ohne dabei die Qualität zu verbessern.

- Übergaben: Übergaben entstehen durch geteilte Zuständigkeiten und Verantwortlichkeiten. Dies verursacht Wartezeiten, es gehen aber auch Fokus und Verantwortungsgefühl verloren.
- Unnütze Informationen: Ähnlich wie bei der Verschendungsart „Überproduktion“ geht es hier um unnötig generierte Informationen, wie Management-Reports, Status-Meetings usw.
- Wartezeiten: Entwicklungsprojekte bestehen zu großen Anteilen aus Warten, auch wenn es sich durch Multitasking nicht so anfühlt: Warten auf Experten, auf Manager, auf Freigaben, oder auf Quality-Gates. Der Fokus liegt oft auf der Auslastung und nicht auf dem Durchfluss.
- Wunschdenken: Wunschdenken entsteht, wenn Entscheidungen aufgrund von Annahmen getroffen werden. Zum Beispiel werden technische Konzepte beschlossen, ohne die Machbarkeit zu überprüfen. In Entwicklungsprozessen, die in Phasen ablaufen, ist das Wunschdenken oft schon eingebaut.
- Testen auf Spezifikation: Unter Zeit- und Kostendruck werden Tests nur auf die Spezifikation, aber nicht auf die Grenzen des Produkts ausgelegt. So wird bewusst darauf verzichtet, mehr über die eigenen technischen Möglichkeiten zu erfahren. In Folgeprojekten muss dieses fehlende Wissen erneut teuer erworben werden.
- Verschwendetes Wissen: Organisationen legen oft zu wenig Fokus auf das „Lernen“, deshalb kann erlangtes Wissen schnell wieder verschwinden. So werden zum Beispiel keine „Lessons Learned“ durchgeführt, es wird keine Zeit für Dokumentation zur Verfügung gestellt oder durch Umstrukturierungen wird das Wissen über die Arbeitsweise der Organisation ausgehöhlt.

Vielleicht haben Sie in dieser Auflistung schon Ihre eigene Organisation wiedererkannt? In diesem Fall lohnt es sich, weiter in das Thema einzusteigen, denn Toyota hat hier ein paar Jahrzehnte Vorsprung.

Gemeinsame Verantwortung

Nach Allen Ward sind Übergaben die bedeutendste Verschwendungsart. Was hat es damit auf sich? In vielen Organisationen gibt es präzise Rollenbeschreibungen, die Aufgaben und Verantwortlichkeiten voneinander abgrenzen. Produktmanager gestalten die Anforderungen an das Produkt, Systemarchitekten liefern die technische Umsetzung, Entwicklungsleiter stellen die Entwickler zur Verfügung und Qualitätssicherung soll die Qualität sichern.. Dadurch entstehen sehr viele Übergaben, bei gleichzeitig sehr lokalen Verantwortungen. Verschlimmert wird die Problematik manchmal durch Zielvereinbarungen für verschiedene Rollen, die sich teilweise widersprechen. Am deutlichsten wird das, wenn die Kosten reduziert werden sollen, aber gleichzeitig eine höhere Qualität gefordert wird.

Die Antwort des Lean Development auf diese Problematik lautet, die Verwantwortlichkeiten zusammenzuführen. So gibt es zum Beispiel bei Toyota den Chief Engineer, der Projekleiter, Chefarchitekt, Kundenvertreter und Engineering Berater zugleich ist. Damit werden diese üblicherweise getrennten vier Verantwortlichkeiten (nach Ward) zusammengeführt:

- Verantwortung für das Produkt & Projekt
- Wissen um die Technologie
- Wissen über Markt und Kunden
- Operative Umsetzung

In der Praxis wird so möglich, dass der Chief Engineer unternehmerische Entscheidungen trifft: Er kann zum Beispiel die Anforderungen anpassen, um Kosten zu senken oder die Qualität zu erhöhen; er kann Lieferanten nach anderen Kriterien als dem Preis auswählen; er kann risikobasierte Entscheidungen treffen usw.

Auf Projektebene ist dieses Vorgehen oft nicht möglich, denn es greift tief in die Kultur der Organisation ein. Es ist jedoch ein wichtiger Schlüssel, um bessere Produkte in kürzerer Zeit entwickeln zu können.

Wissen aufbauen

Im Lean Development ist das Aufbauen von Wissen ein zentrales Ziel. Lediglich ein Produkt zu entwickeln und in die Produktion zu überführen, ist aus dieser Sicht Verschwendung – wenn sich dabei das Wissen in der Produktentwicklung nicht deutlich vermehrt. Wie bei den Verschwendungsarten beschrieben, reicht es demnach nicht aus, lediglich auf eine vorgegebene Spezifikation zu testen. Das Produkt muss bis zum Ausfall (statisch oder dynamisch) getestet werden, um die Grenzen der Machbarkeit kennenzulernen. Noch besser ist es, das Produkt in mehreren Varianten zu bauen und zu testen, insbesondere, wenn Design-Parameter gegeneinander abgewogen werden müssen (z. B. Gewicht gegen Festigkeit). Das kann zwar heute durch Simulationen abgeschätzt werden, dennoch sind Prototypen in Varianten mit entsprechend weitreichenden Tests eine wichtige Wissensquelle.

Das erlangte Wissen kann in sogenannten „Trade-off Curves" dokumentiert werden: Diese Kurven zeigen die Grenzen der Machbarkeit in einem bestimmten Parameterraum auf. Bei Toyota wurden aus Versuchen tausende solcher Kurven für alle möglichen Bauteile und deren Auslegung und Zusammenwirken dokumentiert. Damit könnten theoretisch auch unerfahrene Entwickler ein Fahrzeug oder Komponenten davon auslegen, ohne selbst die Erfahrungen gemacht zu haben oder spezielle Berechnungen anstellen zu müssen.

Optionen offenhalten

Optionen offenzuhalten geht Hand in Hand mit dem Erwerben von Wissen. Insbesondere geht es hierbei darum, mehrere technische Konzepte („Designs") parallel weiterzuverfolgen, bis durch Versuche die Machbarkeit bestätigt ist. Allzuoft drängen phasengesteuerte Prozesse die Entwickler zu frühen Designentscheidungen, was hinsichtlich der Machbarkeit mit einem entpsprechend hohen Risiko einhergeht. Dies wird im Lean Development als „Set Based Design" bezeichnet. Das Offenhalten von Optionen tritt jedoch auch auf anderen Ebenen auf. Innerhalb der Konzepte ist es ein guter Ansatz, in den Spezifikationen Wertebereiche statt konkreter Werte zu verwenden. Das gibt der Entwicklung mehr Freiraum für die wirtschaftlich oder technisch beste Lösung. Feste Spezifikationen verhindern Chancen. Und auch auf höherer Ebene, zum Beispiel beim Projektportfolio, kann es Sinn ergeben, verschiedene Strategien parallel zu verfolgen, wenn nicht klar ist, wie sich Märkte und Rahmenbedingungen entwickeln werden (z. B. paralllele Entwicklung von batterieelektrischen und wasserstoffgetriebenen Fahrzeugen).

Lean Development: Fazit

Es würde leider den Rahmen dieses Buchs sprengen, tiefer in diese Themen einzusteigen. Ich hoffe, ich konnte Sie mit den ausgewählen Aspekten aus dem Lean Development etwas neugierig machen. Wenn Sie mehr lesen wollen, empfehle ich Ihnen für den Einstieg das Buch „Designing the Future“ (Morgan & Liker, 2018).

Lean Development – die zweite Generation

Donald Reinertsen, Experte für Produktentwicklung, hat eine Bewegung begründet, die über das klassische Lean Development hinausgeht und dementsprechend oft als „second generation" bezeichnet wird.Reinertsen beschäftigt sich seit mehr als 30 Jahren mit der Natur von Entwicklungsprojekten und hat maßgeblich zu einem tieferen, auch alternativen Verständnis von Zusammenhängen in der Entwicklung beigetragen. Sein Buch „The Principles of Product Development Flow" (Reinertsen, 2009) halte ich persönlich für das bedeutendste Buch über das Wesen und die Optimierung der Produktentwicklung.

Variabilität in der Produktion vs. Entwicklung

Es ist naheliegend, Konzepte aus dem Toyota Produktionssystem beziehungsweise aus dem „Lean Manufacturing" auch in der Produktentwicklung einzusetzen. Während die Lösungsansätze gut von der Produktion in die Entwicklung zu übertragen sind, besteht gleichzeitig die Gefahr, dass dabei dieselben Ziele wie in der Produktion verfolgt werden, obwohl ganze andere Ziele im Fokus stehen sollten. Produktentwicklung unterscheidet sich in einem wesentlichen Punkt von der Produktion: Während in der Fertigung das Ziel verfolgt wird, die Variabilität im Prozess klein zu halten, um reproduzierbare Ergebnisse zu erhalten, liegt es in der Natur der Entwicklung, nicht reproduzierbar zu sein. Jedes Mal wird etwas komplett Neues, nie Dagewesenes gemacht. Die Variabilität in Entwicklungsprozessen ist also der Kern dessen, was wir als „Innovation" bezeichnen. Wer mit der Fertigungsbrille unreflektiert die Entwicklung „lean" machen will, zerstört in der Regel das, was Entwicklung ausmacht. Vielmehr müssen wir die Lean-Ansätze dazu verwenden, um Liegezeiten zu verringern und um besser mit der vorhandenen Variabilität umgehen zu können.

Kosten und Chancen in der Entwicklung

Wer Produkte entwickelt und auf den Markt bringt oder für sich selbst einsetzt, macht dies aus einem oder mehreren der vier folgenden Gründe (Arnold & Yüce, 2013):

1. Erhöhung des Umsatzes: Das Produkt soll am Markt verkauft werden.
2. Schutz des Umsatzes: Das Produkt soll vorhandenen Umsatz gegen den Wettbewerb schützen.
3. Reduzierung der Kosten: Das Produkt vereinfacht Abläufe.
4. Vermeidung von Kosten: Durch das Produkt entfällt eine bestimmte Art von Kosten.

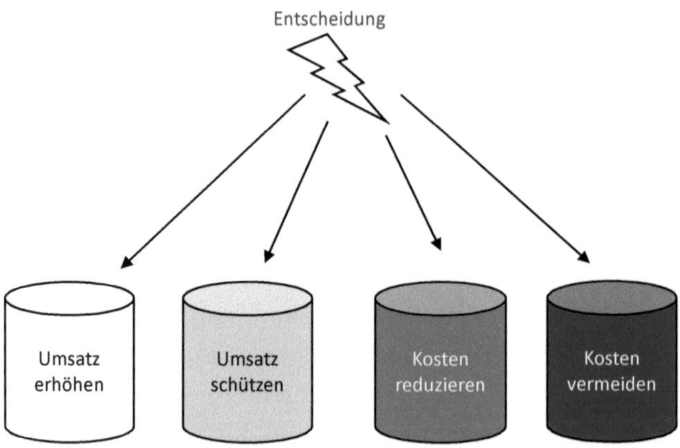

Abbildung 10: Modell der vier Töpfe nach Arnold

Diese vier Aspekte gelten auch für jede Entscheidung, die in einem Entwicklungsprojekt getroffen wird. Alles was Sie tun, wird in mindestens einen dieser vier Töpfe einzahlen, siehe Abbildung 10. In der Praxis sind diese Töpfe aber nicht so unabhängig, wie in der Abbildung dargestellt. Exemplarisch möchte ich auf den Zusammenhang zwischen „Umsatz erhöhen“ und „Kosten reduzieren“ eingehen.

Wenn Sie Kosten in der Entwicklung reduzieren und diese Kosten keine Verschwendung im Lean-Sinn darstellen, werden Sie dadurch ziemlich sicher Umsatz vernichten, weil sich das Entwicklungsprojekt verzögert oder die Entwickler gezwungen sind, an Qualität oder Wartbarkeit zu sparen.

In vielen Organisationen ist es so, dass dieser Zusammenhang nicht bekannt ist oder nicht quantifiziert wird. Für Kosten und Chancen sind im Normalfall verschiedene Personen oder Abteilungen zuständig, zum Beispiel das Produktmanagement für die Chancen und das Controlling für die Kosten. Was nun eine Kosteneinsparung in der Entwicklung anschließend an Marktchancen zerstört, darüber gibt es selten einen Austausch oder gar Einigkeit. Dazu trägt auch bei, dass die Verantwortlichen für die Chancen in langen Zeiträumen – dem Produktlebenszyklus – denken und planen, die Verantwortlichen für die Kosten jedoch in Jahresbudgets. Die Entscheidung, im Entwicklungsprojekt Kosten zu sparen, indem zum Beispiel Ressourcen abgezogen werden oder benötigte Infrastruktur nicht beschafft wird, zerstört Gewinn am Markt, der in der Regel ein Vielfaches der Einsparungen ausmacht. Bei einer gesamtheitlichen Betrachtung müsste oft die gegenteilige Entscheidung getroffen werden. Diese Betrachtung findet aber selten statt. Donald Reinertsen hat Unternehmen befragt: Nur 15 Prozent konnten die Kosten, die durch Verzögerungen entstehen, beziffern. Die anderen 85 Prozent können in Entwicklungsprojekten keine wirtschaftlich sinnvollen Entscheidungen treffen.

Verzögerungskosten

Noch immer sind viele Entwicklungsorganisationen auf eine maximale Auslastung ausgerichtet. Viele verstehen unter der überall geforderten hohen Effizienz eine hohe Auslastung. Das ist verständlich, denn es lässt sich leicht ausrechnen, was es die Organisation kostet, wenn ein Mitarbeiter für eine Stunde nicht ausgelastet ist. Bestimmt gibt es auch bei Ihnen verlässliche Daten darüber, was ein Entwickler samt Arbeitsplatz und Infrastruktur jeden Monat oder Tag kostet. Was das Ziel der hohen Auslastung angeht, sind die Parallelen zur Fertigung nicht von der Hand zu weisen. Wenn nun die Produktionswelt schon vor 70 Jahren zu der Erkenntnis gekommen ist, dass zu hohe Bestände mehr Kosten verursachen als eine zu geringe Effizienz: Wie kann dies auf Entwicklungsprojekte übertragen werden?

Starten Sie doch eine kleine Umfrage bei Ihren Kollegen, Mitarbeitern, Managern und Projektleitern. Fragen Sie jeden einzeln, welche Kosten dem Unternehmen entstehen, wenn ein Projekt einen Tag später als geplant fertiggestellt wird. Sind Ihre Projekte mit einer festen Deadline und einer möglichen Konventionalstrafe verbunden, wie zum Beispiel in der Automobilindustrie, drehen Sie die Frage um: Welchen Gewinn bringt es dem Unternehmen, wenn ein Meilenstein einen Tag früher fertiggestellt wird?

Donald Reinertsen hat diese Fragen seinen Kunden öfters gestellt und dabei festgestellt, dass die Befragten entweder gar keine Antwort hatten, oder aber die Einschätzungen der einzelnen Projektmitglieder bis zum Faktor 50 auseinanderlagen. Wie oben beschrieben, können nur wenige Organisationen die Frage nach Verzögerungskosten, Cost of Delay (COD), valide beantworten. Es ist wohl so, und das können Sie vielleicht aus Ihrer Praxis bestätigen, dass in den meisten Organisationen kein Bewusstsein dafür vorhanden ist, was es kostet, eine bestimmte Aufgabe für einen Tag nicht zu bearbeiten. Als Bestätigung empfehle ich einen Blick auf die Unmengen von Aufgaben, die sich auf Offene-Punkte-Listen tummeln, oder in einen Issue-Tracker in der Software-Entwicklung.

Das Problem in der Entwicklung: Aufgaben in der Entwicklung sind im Gegensatz zum Material in der Fertigung nicht sichtbar. Sie sind in Köpfen und auf Festplatten verborgen. Wenn es Ihnen gelingt, Ihre Verzögerungskosten (COD) zu beziffern, haben Sie ein sehr mächtiges Werkzeug in der Hand. Wenn Sie COD benennen können, können Sie viele Entscheidungen, die bisher aus dem Bauch getroffen wurden, betriebswirtschaftlich begründen: Lohnt es sich, mehr Ressourcen in das Projekt zu geben? Lohnt sich die Anschaffung eines neuen Werkzeugs für die Entwicklung? Was ist die ideale Auslastung? Was ist die ideale Durchlaufzeit?

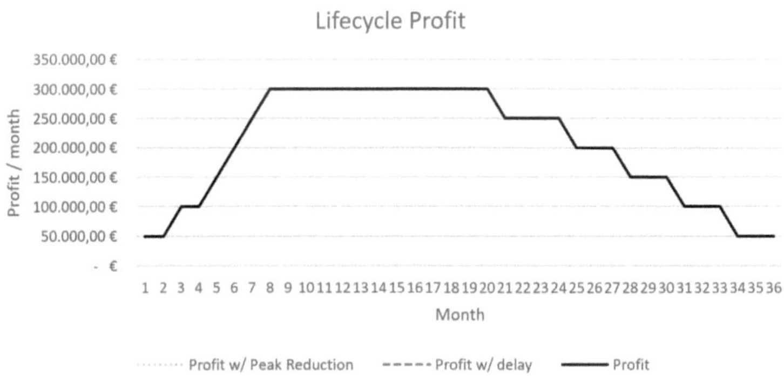

Abbildung 11: Gewinnkurve (Prognose)

An dieser Stelle möchte ich zur Verdeutlichung ein Beispiel einfügen. Nehmen wir dazu ein Maschinenbau-Unternehmen und dessen (fiktive) Umsatz- und Gewinnprognose des Produktmanagements. Wie Sie sehen, umfasst der Produktlebenszyklus ca. drei Jahre. Die neue Maschine wird am Markt eingeführt und dann über einen gewissen Zeitraum mit sechs Einheiten pro Monat verkauft. Der Gewinn pro Maschine sei mit 50.000 EUR angenommen. Anschließend gehen die Verkaufszahlen marktbedingt wieder zurück (Abbildung 11).

Was passiert nun, wenn das Entwicklungsprojekt einen oder zwei Monate später fertig wird? Die häufig anzutreffende Fehlannahme ist, dass diese Kurve dann einfach um ein bis zwei Monate nach rechts verschoben wird, dass der erzielte Gewinn über die Produktlebenszeit („Lifecycle profit") also konstant bleibt und nur die Kosten für zusätzliche Entwicklungsmonate die Kalkulation verschlechtern.

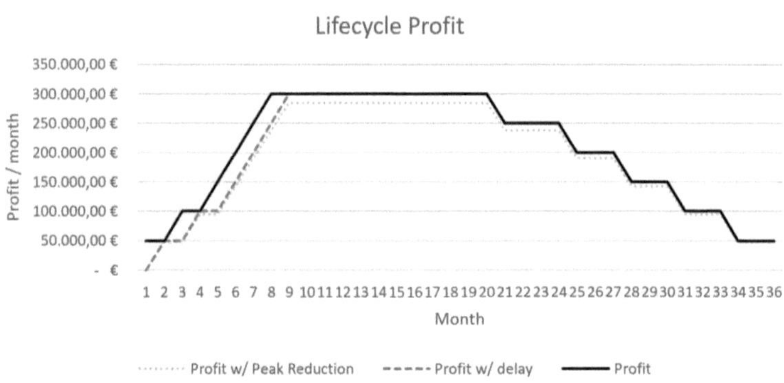

Abbildung 12: Gewinnkurve (verzögert)

Das Problem ist: Als Unternehmen bestimmen Sie nur die Rampe der Einführung des Produkts. Wann das Produkt vom Markt genommen wird, haben Sie nicht in der Hand. Das bestimmen der Markt und der Wettbewerb. Damit verkürzt sich aber bei einer Verzögerung der Markteinführung Ihre Lifecycle-Profit-Kurve. Alles, was Sie an Fläche unter der Kurve verlieren, ist entgangener Gewinn. Dazu kommt noch ein weiterer Effekt: Wenn Sie später in den Markt gehen, werden Ihre Marktanteile unter Umständen geringer ausfallen. Für die gezeigte Kurve bedeutet dies, dass sie nicht ganz so hoch ansteigt wie zunächst angenommen.

Wenn wir in unserem Beispiel mit einem Monat Verzögerung rechnen sowie mit einer Reduzierung des Maximums um nur fünf Prozent, sieht die neue Kurve im Vergleich aus wie in Abbildung 12 dargestellt. Grafisch sehen die verlorenen Flächen unter der Kurve nicht so bedeutend aus. In Zahlen ausgedrückt aber schon: In diesem Projekt verlieren Sie bei einer Verzögerung von einem Monat 650.000 EUR, das sind pro Tag über 21.000 EUR und pro Stunde ca. 900 EUR.

Ein fehlendes Tool, ein fehlender Mitarbeiter, eine verschobene Management-Entscheidung, ein zu langsamer Beschaffungsprozess für Prototypen können da einem Betriebswirt ganz schön den Tag verderben, ohne dass es irgendwo in den bestehenden Zahlenwerken auftaucht.

Wo treten nun Verzögerungen in der Produktentwicklung auf? Dazu stelle ich in den folgenden Abschnitten einige Aspekte vor.

Praxistipp: Berechnung von Verzögerungskosten

Im Gegensatz zu Kosten, die meist detailliert bekannt sind, sind die Zahlen, die hinter der Berechnung von COD liegen, oft nur Schätzungen und dementsprechend ungenau oder gar angreifbar.

Ich bin der Meinung, dass es fürs Erste absolut ausreicht, die Zehnerpotenz der Verzögerungskosten zu bestimmen. Die Zahlen, die bei den ersten Berechnungen herauskommen, werden das Denken in der Organisation nennenswert beeinflussen, auch wenn sie um einen gewissen Faktor daneben liegen.

Auch eine sehr grobe Abschätzung von COD ist sehr viel nützlicher, als gar keine Vorstellung darüber zu haben.

Warteschlangen

Donald Reinertsen verwendet seit vielen Jahren die Warteschlangentheorie, um Mechanismen und Effekte in der Produktentwicklung zu erklären. Grundlage dafür ist, dass die Aufgaben, die auf eine Entwicklungsorganisation zukommen, breite statistische Verteilungen aufweisen – sowohl was die Zeitpunkte des Eintreffens angeht, wie auch die Aufwände der Aufgaben. Dies unterscheidet die Produktentwicklung grundlegend von der Produktion, in der die Bearbeitungszeiten der einzelnen Prozessschritte eine sehr schmale Streuung aufweisen. Übrigens: Dies ist auch der Grund, warum klassische Planungsversuche, die auf Annahmen der Produktionswelt beruhen, in der Produktentwicklung regelmäßig fehlschlagen. Aber genau deswegen lesen Sie ja dieses Buch.

Auf der Suche nach Branchen, die es gewohnt sind, bei „Anfragen“ mit breiten Wahrscheinlichkeitsverteilungen umzugehen, ist Reinertsen auf die Telekommunikationsindustrie gestoßen, genauer gesagt auf die Warteschlangentheorie. Die Warteschlangentheorie, 1909 vom Mathematiker Erlang für Telefongesellschaften entwickelt, setzt die Auslastung eines „Servers“ in ein Verhältnis zur Länge einer Warteschlange, die sich vor dem Server bildet. Der Begriff Server ist hier nicht technisch zu sehen, ein Server arbeitet schlicht Aufgaben ab. Für unseren Kontext ist dies zum Beispiel eine Führungskraft, ein Fachexperte, ein Entwicklungsteam oder eine zuliefernde Abteilung. Für die in der Entwicklung anzunehmenden binomial verteilten Anfragehäufigkeiten und Aufgabengrößen ergibt sich für ein Setup mit einer Warteschlange und einem Server die Formel in Abbildung 13.

$$L = \frac{\rho^2}{(1 - \rho)}$$

L = Länge der Warteschlange L

ρ = Auslastung des Servers (rho)

Abbildung 13: Formel für die Länge der Warteschlange

Grafisch dargestellt erkennt man auf einen Blick den Zusammenhang zwischen Auslastung (Effizienz) des Servers und der Länge der Warteschlangen, siehe Abbildung 14.

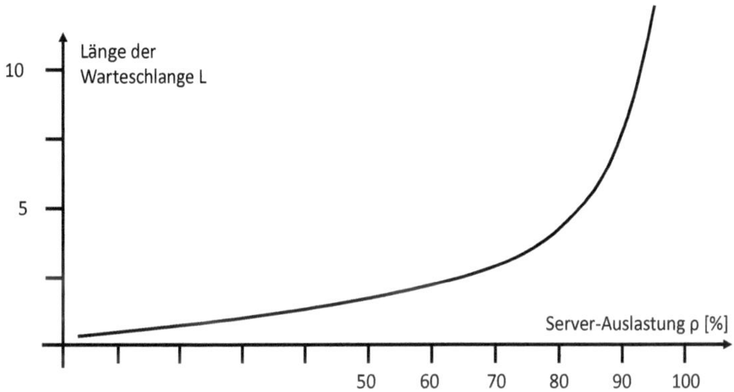

Abbildung 14: Länge der Warteschlange

Dabei ist wichtig zu wissen, dass die Lieferzeit eines Servers linear zur Länge der Warteschlange ist. In diesem Diagramm können Sie vier wichtige Dinge erkennen:

1. Der Zusammenhang zwischen Auslastung und Lieferzeit ist nicht linear. Ab einer Auslastung von 80 oder 85 Prozent wird die Kurve sehr steil, die Lieferzeit steigt bei zunehmender Auslastung extrem an.
2. Auf der anderen Seite hat bei hohen Auslastungen bereits eine kleine Entlastung, eine Reduzierung der Auslastung, eine deutlich kürzere Lieferzeit zur Folge.
3. In dem Schaubild lassen sich die Auswirkungen von Schätzfehlern gut erklären. Ein Schätzfehler im Sinne von „Unterschätzen" erhöht die Auslastung. Läuft Ihre Organisation aktuell mit einer Auslastung von 70 Prozent, verursacht eine Erhöhung um fünf Prozent eine um 38 Prozent längere Lieferzeit. Läuft Ihre

Organisation mit einer Auslastung von 90 Prozent, treibt eine Erhöhung um fünf Prozent die Lieferzeit schon um 123 Prozent nach oben.

4. Da die Auslastung einer Person, eines Teams oder einer Abteilung in der Praxis sehr schwierig zu messen ist, kann die Kurve von der anderen Seite gelesen werden: Anhand der Länge der Warteschlange, die einfach zu messen ist, können Sie die Auslastung bestimmen.

Auch ohne dass Sie die Warteschlangentheorie quantitativ in Ihrem Unternehmen einsetzen, können Sie dem Diagramm entnehmen, dass weder null Prozent Auslastung noch 100 Prozent Auslastung ein anzustrebender Betriebspunkt für Ihre Organisation sind. Während das bei null Prozent noch logisch ist (niemand arbeitet mehr), gibt der 100-Prozent-Punkt doch Anlass zum Nachdenken: Bei maximaler Effizienz Ihrer Mitarbeiter gehen die Durchlaufzeiten im Entwicklungsprozess gegen Unendlich! Die optimale Effizienz entspricht also nicht der maximalen Effizienz.

Wichtig für das Verständnis: Die bisher von mir dargestellten Zusammenhänge in der Warteschlangentheorie beschreiben statische Zusammenhänge. Die Formeln beschreiben Durchschnittswerte für den eingeschwungenen Zustand. Dies ist wichtig, um die grundlegenden Zusammenhänge zu verinnerlichen. Für die tägliche Arbeit sind aber die dynamischen Aspekte von Warteschlangen interessant: Warteschlangen sind sehr frühe Indikatoren für Auslastung und Lieferzeit. Durch die Beobachtung der Länge von Warteschlangen kann viel früher auf Entwicklungen reagiert werden als zum Beispiel mit der traditionellen Messung der Lieferzeit. Sie kennen diesen Ansatz zum Beispiel aus dem Supermarkt: Die Mitarbeiterinnen und Mitarbeiter im Supermarkt entscheiden auf Basis der Schlangenlänge an der Kasse, wann sie eine weitere Kasse öffnen. Niemand misst im Supermarkt Wartezeiten oder plant gar, wann welcher Kunde an welche Kasse zu kommen hat.

Praxistipp: Warteschlangen finden

Als erstes sollten Sie ein Bewusstsein für Warteschlangen in Ihrer Organisation entwickeln, indem Sie Server identifizieren und Warteschlangen visualisieren, sei es durch den Einsatz von Haftnotizen oder Papierlisten. Damit bekommen Sie schnell einen Überblick über Auslastungen und Lieferzeiten. Falls Sie bereits erste Abschätzungen von Verzögerungskosten haben, können Sie auch die Kosten der Warteschlangen berechnen. Allein dies wird schon viele Diskussionen und Entscheidungen beeinflussen.

Warteschlangen haben in Organisationen bevorzugte Wohnorte, laut Donald Reinertsen sind diese:

- Marketing
- Experten für Analysen
- Konstruktion
- Einkauf
- Musterbau
- Test und Prüfstände
- Management Reviews
- Werkzeugbau
- sonstige Fachexperten

Hier lohnt es sich nachzusehen, zu messen, zu rechnen und zu optimieren. Agile Arbeitsweisen wie zum Beispiel Scrum oder Kanban bieten Unterstützung beim Umgang mit Warteschlangen und die Möglichkeit zu schrittweiser Verbesserung und Veränderung.

Lose in der Entwicklung

Die soeben beschriebenen Verzögerungskosten treten jedoch nicht nur in Warteschlangen auf, die durch hohe Auslastung entstehen. Warteschlangen entstehen auch an Punkten im Unternehmen, an denen Aufgaben prozessbedingt auf andere Aufgaben warten müssen, weil sie in Losen bearbeitet werden. Beide Arten von Warteschlangen erzeugen „Bestände" in der Entwicklung, die – gemäß der dargestellten Überlegungen zu den Verzögerungskosten – signifikant Kosten verursachen.

Oben habe ich beschrieben, wie Taiichi Ohno bei Toyota allein durch die Reduzierung der Losgröße die Durchlaufzeit um 90 Prozent senken konnte. Die Reduzierung der Losgröße ist somit essentiell, um die Durchlaufzeit und die Bestände zu verringern und damit die Kosten zu senken. Dass in der Entwicklung Lose existieren, ist zunächst einmal nicht offensichtlich. Die Frage „Wo warten Aufgaben auf andere Aufgaben?" hilft bei der Suche nach Losen. Sogenannte „Stage-gated Prozesse", bei denen nach bestimmten Kriterien von einer Projektphase in die nächste weitergeschaltet wird, sind hinsichtlich von Losgrößen ein Extrembeispiel: In solchen Prozessen wird mit der maximal möglichen Losgröße gearbeitet, was gemäß dem Losgrößen-Diagramm auch die Kosten maximiert. Ähnlich verhält es sich bei dem Thema „Reviews": Oft gehen mehrere Dokumente zusammen in Reviews, dementsprechend werden viele Dokumente COD verursachen, während sie auf das letzte Dokument des Review-Loses warten.

Weniger offensichtlich als die soeben beschriebenen prozessbedingten Lose sind Losgrößen, die durch zu große Anforderungen entstehen oder durch zu große Projekte. Letzteres resultiert auf der verbreiteten Budget-Kultur: Der Aufwand, um ein Projektbudget genehmigt zu bekommen, führt dazu, dass Projekte möglichst groß gefasst werden. Mehrere kleine Projekte in Folge würden hingegen die Losgrößen reduzieren und damit auch die Verzögerungskosten.

Doch nicht immer sind Prozess und Organisation die Treiber für Losgrößen in der Entwicklung, oft sind es auch die Produkte selbst. Sobald das Produkt kein reines Software-Produkt mehr ist, sondern auch Mechanik- und Elektronik-Anteile enthält, entstehen Lose zwangsläufig, sobald das Produkt materialisiert wird. Beim Aufbau von Mustern in Elektronik und Mechanik müssen zwangsläufig mehrere Anforderungen und Teile zusammengefasst werden. Ein „One Piece Flow" der Anforderungen wie bei der Software ist hier in der Regel nicht möglich. Dementsprechend ist es auch bei Tests aus Kostengründen sinnvoll, mehrere Tests zusammenzufassen.

Dieser intuitiv erfassbare Zusammenhang lässt sich auch betriebswirtschaftlich darstellen, wenn man die verschiedenen Kostenarten in Abhängigkeit zur Losgröße darstellt. Sie kennen diesen Zusammenhang aus dem Abschnitt über Losgrößen in der Produktion. In der Entwicklung ersetzen Verzögerungskosten die Kosten der Bestände. Statt von Rüstkosten reden wir hier von Transaktionskosten, dies sind Kosten für Design, Bau, Test und so weiter. Das Diagramm bleibt dasselbe: Während die Bestandskosten bzw. COD linear mit der Losgröße ansteigen, steigen die Transaktionskosten pro Stück mit sinkender Losgröße exponentiell an. Die Summe beider Kosten stellt dann eine wannenförmige Kurve dar, an deren tiefstem Punkt das Optimum liegt (Abbildung 15).

Die für mich wesentlichen Aspekte in diesem Zusammenhang sind: Zum einen ist eine zu kleine Losgröße – und damit Durchlaufzeit – ebenso wenig das Optimum wie eine zu große Losgröße. Zum anderen führt eine Reduzierung der Transaktionskosten zwangsläufig zu einer Reduzierung der Gesamtkosten. Themen wie 3D-Druck, Simulationen, Testautomatisierung und so weiter sollten Sie unter diesem Aspekt genau betrachten. Auch die Unterscheidung von Bearbeitungs- und Transportlosen lässt sich auf die Produktentwicklung übertragen. So ist es nützlich, bei einem großen Test, der viele Anforderungen abprüft und entsprechend lange läuft, nicht auf einen finalen Test-Report zu warten, sondern regelmäßig Zwischenergebnisse in die Entwicklung zurückzugeben.

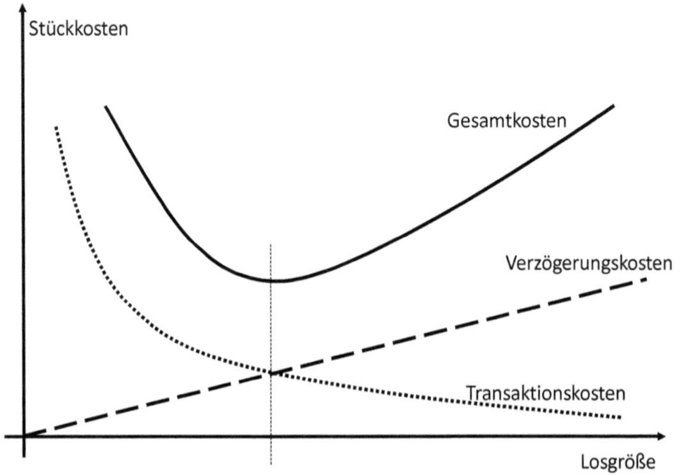

Abbildung 15: Losgrößen in der Entwicklung

Zum Ende dieser Betrachtung möchte ich noch mit Verweis auf Donald Reinertsen zu einem Gedanken anregen: Die aus der Fertigung übernommenen oben dargestellten Zusammenhänge gehen davon aus, dass die Transaktionskosten unabhängig von der Losgröße sind. In der Tat sind zum Beispiel Rüstkosten in der Fertigung unabhängig von der Losgröße. In der Entwicklung hingegen, gerade bei der Verwaltung von Anforderungen, Bugs oder Change-Requests, hängen die Transaktionskosten unter Umständen auch von der Losgröße ab. Dieser Effekt entsteht durch Overhead-Kosten beim Handling großer Datenmengen durch Menschen. Damit werden die beschriebenen Mechanismen noch eindeutiger und die Forderung nach kleineren Losgrößen noch dringlicher.

Entscheidungswege

Abstimmungen, also Entscheidungen, an denen mehrere Personen beteiligt sind, können prinzipiell in einer synchronen oder einer asynchronen Abstimmung getroffen werden.

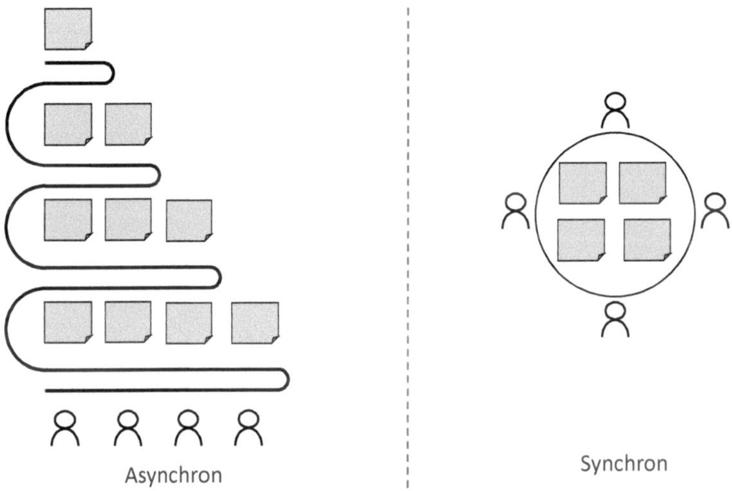

Abbildung 16: Asynchrone und synchrone Entscheidungen

Asynchrone Abstimmungen sind Abstimmungen im Umlaufverfahren. Hier habe ich in der Praxis Beispiele in großen Unternehmen gesehen, bei denen Dokumenten-Reviews im Umlaufverfahren eine Laufzeit von zwei bis drei Monaten haben. Wenn Sie möchten, können Sie das mal mit dem oben beschriebenen Beispiel für COD des fiktiven Maschinenbau-Unternehmens durchrechnen. Die Laufzeit setzt sich aus zwei unnötigen Aspekten zusammen: Zum einen aus den Liegezeiten auf den Schreibtischen der Reviewer, zum anderen aus dem mehrfachen Zirkulieren der Dokumente, wenn Kommentare mit allen anderen wieder geteilt werden müssen. Abbildung 16 stellt exemplarisch den Informationsfluss bei asynchronen Entscheidungen dar.

Um Abstimmungen mit minimalen COD durchzuführen, müssen Sie auf synchrone Abstimmungen setzen: Alle Beteiligten müssen zu derselben Zeit an denselben Tisch. Meine Beobachtung ist, dass dies oft unbeliebt ist, weil ohnehin schon alle Mitarbeiter unter der hohen Anzahl von Meetings leiden. Dadurch werden synchrone Abstimmungen oft als ineffizient empfunden, obwohl genau das Gegenteil der Fall ist. Spätestens wenn Sie ernsthaft über Ihre COD nachdenken, bleibt Ihnen keine andere Wahl, als zu synchronen Entscheidungsprozessen überzugehen.

WIP-Limits

Bei der Erklärung der Produktionsbegriffe bin ich schon kurz auf die Bedeutung der Limitierung gleichzeitiger Arbeit in der Entwicklung eingegangen (WIP). Zu allererst führt eine Limitierung des Work in Process zu einer Verkürzung der Durchlaufzeiten: Wer weniger Aufgaben gleichzeitig bearbeitet, wird mit der einzelnen Aufgabe schneller fertig. Das ist plausibel. Was bringt es nun, einen Eingangspuffer einzurichten und die Aufgaben nur häppchenweise in den Prozess zu geben, also WIP zu limitieren? Es entsteht ein ungeahnter Geschwindigkeitszuwachs durch drei Effekte:

1. Der Kontextwechsel zwischen den Aufgaben verringert sich und damit auch die „Verschwendung".
2. Deutlich erhöhtes Optimierungspotential für Abläufe durch höhere Transparenz.
3. Deutlich kürzere Durchlaufzeiten durch Fokussierung der Ressourcen und Reduzierung von Warteschlangen.

Auf das Thema Kontextwechsel gehe ich später im Kapitel „Menschen und Teams" ein. Die höhere Transparenz entsteht, weil in der Organisation oder im Prozess versteckte Probleme sichtbar werden, wenn durch ein WIP-Limit eine Blockade im Fluss erzeugt wird. Ohne WIP-Limit ist es verlockend, bei Problemen an diesen vorbeizuarbeiten, statt sie anzupacken und zu lösen. WIP-Limits erzeugen also den notwendigen Druck, um „am System" zu arbeiten und dieses zu verbessern, anstatt zu versuchen, „im System" irgendwie durch den Tag zu kommen.

Der dritte Punkt in meiner Aufzählung ist mir an dieser Stelle der wichtigste. Selbst ein sehr hohes, defensives WIP-Limit hat eine große Auswirkung auf den Durchsatz. Donald Reinertsen hat als Beispiel folgende Zahlen für eine Organisation mit 90 Prozent Auslastung errechnet: Ein WIP-Limit auf das Zweifache des durchschnittlichen WIPs verkürzt die Durchlaufzeit bereits um 28 Prozent, dabei erhöht sich der Leerlauf nur um ein Prozent und es müssen nur ein Prozent der Anfragen zurückgestellt werden. Konkret: Wenn Sie einen durchschnittlichen WIP von 10 Aufgaben haben, würden Sie die 11. Aufgabe so lange zurückstellen, bis eine andere der 10 Aufgaben erledigt ist. Ein deutlich offensiveres WIP-Limit auf die Hälfte des aktuellen WIPs, in unserem Beispiel auf fünf Aufgaben, würde die Durchlaufzeit um 72 Prozent verringern, allerdings um den Preis, dass Sie 13 Prozent der eintreffenden Aufgaben ablehnen müssen und der Leerlauf um 21 Prozent ansteigt. Diese Rechenbeispiele verdeutlichen den großen Hebel, den WIP-Limits haben – und auch die Nachteile, die bei zu offensiven Limits damit einhergehen. In der Praxis wird das ideale Limit meistens empirisch ermittelt und nach den gemachten Erfahrungen immer wieder angepasst. Mehr dazu später im Kapitel über Kanban in der Entwicklung.

Der einfachste Weg, WIP-Limits umzusetzen, sind Pull-Systeme, wie Drum-Buffer-Rope, Kanban, Scrum, oder ein einfaches Pull-System um ein Team, eine Abteilung oder eine Infrastruktur, wie ich es in Abbildung 8 dargestellt habe.

Stop running the relay race and take up rugby

Hirotaka Takeuchi & Ikujiro Nonaka

Scrum

Historie

Erste Bausteine

Die Historie von Scrum beleuchte ich aus der Sicht von Jeff Sutherland, einem der beiden Scrum-Erfinder. Da ich hin und wieder mit ihm Scrum-Trainings durchführe, kenne ich die Entstehung von Scrum hauptsächlich aus seiner Sicht und gebe hier ein paar der Anekdoten wieder, die seinen Weg zu Scrum beschreiben.

Jeff Sutherland war als Jetpilot im Vietnamkrieg im Einsatz. Später gelang es ihm als Offizier, die Marschpräzision seiner Kompanie bei Paraden nachhaltig zu verbessern, indem er Fehler und Probleme auf Karteikarten notierte, an das Kompaniebrett heftete und den Soldaten selbst die Definition von Maßnahmen und Trainings überließ. Er beobachtete, wie sich seine Kompanie durch diese Transparenz schneller verbesserte als mit den von seinen Vorgängern verordneten Maßnahmen. Schon Jahrzehnte bevor sich Scrum verbreitete, hatte Sutherland also einen wesentlichen Baustein gefunden: die Transparenz durch Visualisierung und die dadurch ermöglichte Selbstorganisation von Teams.

In den 1980ern – Sutherland hatte inzwischen mit der Entwicklung einer Simulation von Zellen und Krebszellen promoviert – experimentierte er mit verschiedenen Praktiken, um Software-Projekte erfolgreicher zu machen. Eine interessante Episode ist in diesem Zusammenhang die Erfindung der „Burndown Charts“: Ein Projektleiter erzählte Sutherland von seiner Beobachtung, dass fast alle Projekte über das zeitliche Ziel hinausschießen würden. Er suchte deshalb eine Methode, mit der man im Projektmanagement Punktlandungen hinlegen konnte. Der Jetpilot Sutherland war mit dem Problem des Überschießens bei der Landung vertraut und kannte das Rezept für Punktlandungen: einen präzisen und ruhigen Anflug. So setzte er das, was er als Vertikalprofil eines Anflugs aus der Fliegerei kannte, als „Burndown Chart" für Projekte um: Vorgegeben ist die ideale Anfluglinie, wobei in festen Intervallen ein Soll-Ist-Vergleich und kleine Korrekturen in der Flughöhe vorgenommen werden. Als Inhaber einer Berufspilotenlizenz sehe ich Burndown Charts mit anderen Augen, seit ich von Jeff Sutherland diese Entstehungsgeschichte gehört habe.

Weitere Erkenntnisse und die ersten agilen Bausteine fügten sich Schritt für Schritt zu Sutherlands Bild der agilen Durchführung von Softwareprojekten zusammen. Daraus entstand in den 1990ern „Scrum".

Scrum entsteht

1993 entwickelte Sutherland bei der Easel Corporation seinen Ansatz konsequent weiter, beeinflusst durch verschiedene Studien und Veröffentlichungen, die sich mit Lean, Durchsatzoptimierung, Teamorientierung usw. beschäftigten. Maßgeblich war für Sutherland das Toyota Produktionssystem (TPS).

Die Bezeichnung „Scrum" entstammt einer vielbeachteten Studie zweier japanischer Wissenschaftler zur Entwicklung neuer Produkte, deren Ergebnisse 1986 in der Harvard Business Review unter dem Titel „The New New Product Development Game" veröffentlicht wurde (Takeuchi & Nonaka, 1986). Hirotaka Takeuchi und Ikujiro Nonaka untersuchten Produktentwicklungsprojekte, die in kürzester Zeit außerordentliche Innovationen hervorgebracht hatten. Die Produkte in der Studie: Kopiergeräte, Kameras und sogar ein Auto – interessanterweise keine reinen Software-Projekte.

Die Quintessenz haben die Autoren so zusammengefasst: „Hört auf mit Staffellauf, spielt Rugby!" Denn sie hatten beobachtet, dass in diesen erfolgreichen Projekten nicht arbeitsteilig und phasengesteuert vorgegangen wurde (Staffellauf: Anforderungen, Design, Bau, Test …), sondern dass sich alle Fachdisziplinen gemeinsam als

Team über das Spielfeld bewegten (Rugby). Diese funktionsübergreifenden Teams hatten hohe Freiheitsgrade in ihrer Arbeitsweise und gingen in der Entwicklung iterativ und inkrementell vor. Eine Standardsituation aus dem Rugby, Scrum (das „Gedränge" rund um den Ball), wurde in dieser Veröffentlichung zum Namensgeber für die von Sutherland entwickelte neue Methodik und später für die neue Denkweise in der Produktentwicklung.

Neben Toyota und „The New New Product Development Game" wurde die Arbeit von Sutherland und seinen Kollegen bei Easel von einer Veröffentlichung über ein Entwicklungsteam der Firma Borland beeinflusst, dem Softwareteam mit der angeblich höchsten je gemessenen Produktivität. In diesem Umfeld entstand auch die Idee des täglichen Abstimmungsmeetings.

1995 begann Ken Schwaber, damals Vorstand bei einer Firma für Projektmanagement-Software, seine Entwicklung auf Scrum umzustellen und zusammen mit Sutherland die bisherigen Erfahrungen auf Konferenzen zu veröffentlichen. Als Meilenstein gilt hier das bei der OOPSLA Konferenz 1995 vorgestellte Paper mit dem Titel „SCRUM Development Process" (Schwaber, 1995). Ab diesem Zeitpunkt wurde Scrum einer breiten Öffentlichkeit bekannt.

Scrum heute

Nach der OOPSLA Konferenz begannen weitere Organisationen, mit Scrum zu experimentieren. Sutherland und Schwaber erhielten nun auch Feedback von außen, aus der neu entstandenen agilen Community. 2002 verfassten sie mit Mike Beedle das Buch „Agile Software Development with Scrum". 2001 waren diese drei Autoren auch Mitgestalter und Unterzeichner des vorhin vorgestellten Agilen Manifests.

Seit 2011 pflegen Sutherland und Schwaber den Scrum Guide, die offizielle Definition des Scrum Frameworks. Selbst heute noch wird der Scrum Guide regelmäßig anhand von Rückmeldungen aus der agilen Gemeinschaft angepasst. Der aktuelle Scrum Guide kann unter www.scrumguides.org heruntergeladen werden. Auf dieser Internetseite sind auch Übersetzungen in vielen Sprachen verfügbar.

Heute wird Scrum als generisches Projektmanagement-Framework eingesetzt und hat längst seine ursprüngliche Domäne, die Software-Entwicklung, verlassen, was in der Ausgabe 2020 des Scrum Guides noch einmal deutlicher dargestellt wurde. Mechatronische Produktentwicklung, administrative Teams in Einkauf oder Vertrieb und Management-Teams, auch im Top-Management, haben die Vorteile für sich entdeckt: empirische Planung und enge Verfolgung, die Kraft des Teamworks und vor allem den Performance-Booster „Fokus".

Ein oft zitiertes Beispiel ist das Jagdflugzeug „Gripen" der Firma Saab, das von über 1000 Entwicklern komplett mit Scrum entwickelt wurde (Furuhjelm, Segertoft, Justice & Sutherland, 2017). Im Gegensatz zu vielen konventionell organisierten Projekten dieser Größe blieb dieses exakt im Zeitplan und Budgetrahmen.

Scrum Guide 2020

Im Scrum Guide 2020 haben die Verfasser einige wesentliche Veränderungen vorgenommen. Falls Sie ältere Versionen kennen, sind diese Punkte für Sie interessant:

- Wegfall der Rollen (und damit des „Development Team") – es gibt nur noch das Scrum Team, die bisherigen Rollen werden zu „Ergebnisverantwortlichkeiten" (Accountabilities).
- Wegfall aller Formulierungen mit Bezug zur Produkentwicklung, wie Anforderungen, Tests usw. Scrum ist jetzt ein Framework für die Lösung komplexer Aufgabenstellungen.
- Einführung des Product Goals als Ziel der Entwicklung.
- Verortung von Product Goal, Sprint Goal und Definition of Done als „Commitments" zu den jeweiligen Artefakten.
- Wegfall von einigen Vorgaben und Empfehlungen (z. B. drei Fragen im Daily Scrum), um den Scrum Guide universeller und eindeutiger zu machen.

Scrum Framework

Framework oder Prozess?

Scrum ist keine Prozessbeschreibung oder Arbeitsanweisung, keine Methode im klassischen Sinn. Scrum ist vielmehr ein Rahmenwerk, englisch „Framework“, das Spielregeln und ein Spielfeld zur Verfügung stellt. Innerhalb dieser Vorgaben definiert jedes Team und jede Organisation den zu ihr und ihrem Produkt passenden Prozess und optimiert ihn ständig.

Diese kontextbezogenen Verbesserungen werden erst durch ein Framework-Konzept möglich. Denn fest definierte Prozesse erlauben einem Team nicht, den für sich besten und schnellsten Weg zur Realisierung des Produkts zu finden und zu gehen.

Vieles, das mit Scrum assoziiert wird – zum Beispiel „Task Boards“, „Burndown Charts“ oder „User Stories“ – sind nicht Bestandteil des Frameworks. Scrum beschränkt sich in seinen Vorgaben auf das absolute Minimum, um Scrum funktionieren zu lassen. Über diesen Zusammenhang sollten Sie sich im Klaren sein, falls Sie später in Versuchung kommen sollten, Elemente von Scrum wegzulassen. Und dieser Moment kommt ziemlich sicher.

Empirische Prozesskontrolle

Laut dem Cynefin-Modell von Dave Snowden ist im komplexen Umfeld eine iterative Handlungsstrategie erforderlich. Die Voraussetzung für iterative Optimierung und Selbstorganisation ist eine maximale Transparenz der aktuellen Situation.

Dementsprechend definiert der Scrum Guide eine Schleife aus „Transparency“, „Inspection“ und „Adaptation“ als Basis einer empirischen Prozesskontrolle (Abbildung 17). Dieser Dreisatz aus Transparenz, Untersuchung und Anpassung wird in der agilen Szene oft als „Inspect and Adapt“ wiedergegeben. Das betont den Vorteil von kurzen Regelschleifen und Experimenten im Gegensatz zu langen Analyse- und Planungsphasen. Meiner Einschätzung nach lässt es aber das wichtigste Thema unter den Tisch fallen: Transparenz.

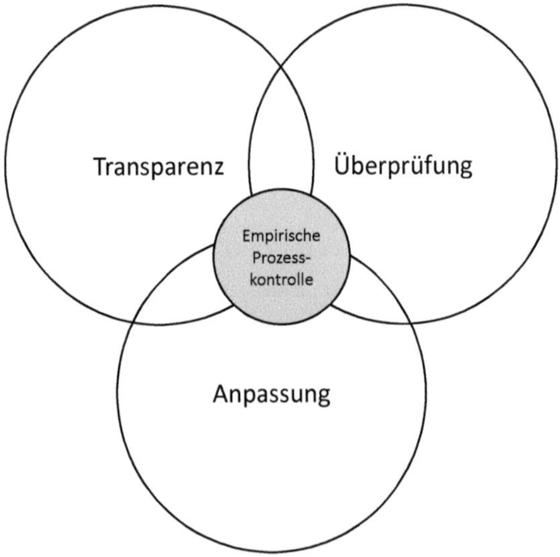

Abbildung 17: Empirische Prozesskontrolle

Transparenz ist jedoch nicht immer erwünscht, denn sie setzt das Gefühl der Sicherheit bei allen Beteiligten voraus. Anders ausgedrückt: Es gibt keine Sanktionen, wenn Probleme offensichtlich werden sollten. Das Sichtbarwerden systemischer Probleme ermöglicht es erst, die Organisation in kleinen Schritten zu verbessern und schlussendlich in eine lernende Organisation zu verwandeln.

Mein Lieblingssatz beim Einstieg in ein agiles Training lautet: „Agilität kann nicht zaubern. Sie wird lediglich Dinge transparent machen. Und was ihr entdecken werdet, wird euch nicht gefallen.“ Transparenz allein genügt also nicht. Nur wer den Willen und auch die Befugnis hat, Dinge zu verändern, kann die Macht der Transparenz für seine Organisation gewinnbringend nutzen.

Timeboxing

Ein wichtiges Konzept für agile Arbeitsweisen, insbesondere bei Scrum, ist das Arbeiten mit „Timeboxes“ bzw. das „Timeboxing“. Eine Timebox ist eine Zeitvorgabe für Tätigkeiten und Besprechungen und wird nach ihrem Ablauf hart abgebrochen. Dies macht das eigene Handeln planbar und hilft dabei, Besprechungen effizienter zu machen. Nach einer mehr oder weniger schmerzhaften Lernkurve werden definierte Timeboxes zum Teamalltag gehören. Die Vorgabe bedeutet nicht, Tätigkeiten oder Besprechungen bis zum Ende der Timebox auszudehnen, sie können selbstverständlich auch früher beendet werden. Der Bezug zum Scrum Framework: Scrum legt Obergrenzen für Timeboxes der Events fest, die konkrete Länge bestimmt das Scrum Team.

Scrum im Überblick

Scrum definiert drei Ergebnisverantwortlichkeiten, drei Artefakte und fünf Events sowie deren Interaktion (Abbildung 18). Diese sind:

Ergebnisverantwortlichkeiten

- Product Owner
- Developer
- Scrum Master

Artefakte

- Product Backlog
- Sprint Backlog
- Product Increment

Events

- Sprint
- Sprint Planning
- Daily Scrum
- Sprint Review
- Sprint Retrospective

Hier stelle ich zunächst die Arbeitsweise mit Scrum vor, um dann in den folgenden Kapiteln noch einmal detaillierter auf Verantwortlichkeiten, Artefakte und Events einzugehen.

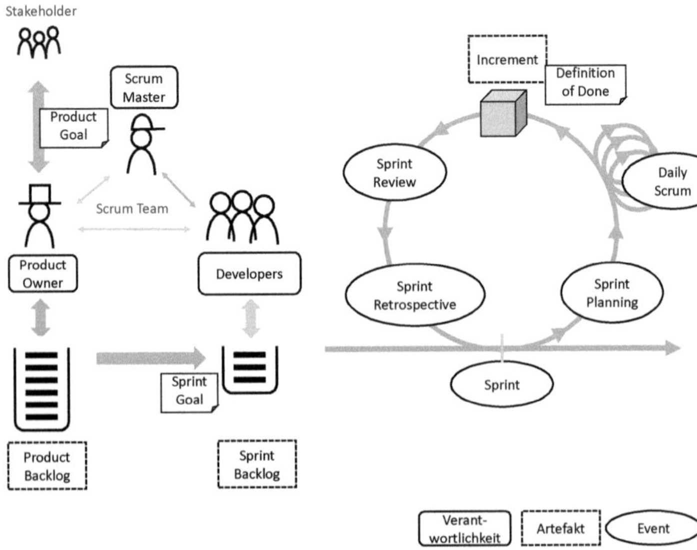

Abbildung 18: Scrum im Überblick

Das Product Backlog erstellen

Basis der Produktentwicklung mit Scrum sind Stakeholder mit einem Product Goal. Dieses Ziel der Produktentwicklung dient während des gesamten Entwicklungsprozesses als Leuchtturm. Stakeholder ist übrigens keine Rolle nach der Scrum-Definition.

In Gesprächen mit Stakeholdern und anhand des Product Goal erstellt der „Product Owner“ eine Liste mit allen Dingen, die im Zuge der Umsetzung des Produkts erledigt werden müssen. Diese Liste wird als „Product Backlog“ bezeichnet. Ein Backlog ist eine eindeutig priorisierte Liste, in der es nie zwei Einträge mit derselben Priorität geben kann, wobei der wichtigste Eintrag immer oben steht. Das Product Backlog enthält in der Regel Anforderungen oder Aufgaben, die sogenannten „Product Backlog Items“ (PBI), die auch in unterschiedlicher Granularität vorliegen können. Im komplexen Umfeld ist es sinnvoll, nur die obersten Einträge im Product Backlog genau zu definieren und die Items weiter unten noch eher vage zu formulieren. Hintergrund: Die Wahrscheinlichkeit, dass sich zeitlich weiter entfernte Product Backlog Items noch ändern, ist hoch. Eine frühe Detaillierung wäre im Sinne des Lean-Gedankens eine Verschwendung.

Arbeiten im Sprint

Die Entwickler (Developer) entwickeln eigenverantwortlich das Produkt, indem sie die Product Backlog Items in der vom Product Owner vorgegebenen Reihenfolge abarbeiten. Wie aus dem Cynefin Framework ersichtlich, wird in einem komplexen Umfeld die Schleife „probe – sense – respond“ auf dem Weg zum Ziel immer wieder durchlaufen. Die Entwickler arbeiten das Product Backlog also nicht in einem Stück ab, sondern arbeiten in kurzen Planungs- und Entwicklungstakten von wenigen Wochen, die in Scrum „Sprint“ genannt werden. Der Sprint ist ein Container-Event, in dem die anderen vier Events enthalten sind.

Der Arbeitsumfang für einen Sprint wird ausschließlich durch die Entwickler definiert, denn diese führen die Arbeit auch durch. Dabei nehmen sie, immer oben beginnend, so viele PBI aus dem Product Backlog wie – ihrer Meinung nach – in den nächsten Sprint passen. Diese ausgewählten Product Backlog Items legen die Entwickler in das „Sprint Backlog“, unter Beibehaltung der ursprünglichen vom Product Owner vorgegebenen Priorisierung. Während die Entwickler im Sprint auf dem Sprint Backlog arbeiten, kann der Product Owner jederzeit Änderungen am Product Backlog vornehmen und somit Items umpriorisieren, verändern, hinzufügen oder herausnehmen.

Planung

Der Sprint-Umfang wird im „Sprint Planning" definiert, dem ersten Event im Sprint. Im Sprint Planning vermittelt der Product Owner dem Scrum Team, worum es bei den nächsten Product Backlog Items geht und die Entwickler stellen Informationen zu Abhängigkeiten und Aufwänden zur Verfügung. Des Weiteren beginnen die Entwickler im Sprint Planning, die gewählten Product Backlog Items in kleinere Aufgaben zu zerlegen. Sie beginnen also mit der konkreten Arbeitsplanung für die Umsetzung. Diese Aufgaben sind dann ebenso Bestandteil des Sprint Backlogs. Sie werden im Sprint Planning noch nicht einzelnen Teammitgliedern zugewiesen, um während des Sprints flexibel zu bleiben.

Unterwegs

Nach dem Sprint Planning beginnen die Entwickler mit der Entwicklung. Sie treffen sich während des Sprints jeden Tag zum „Daily Scrum", bei dem sie kurz einen Blick auf die Ergebnisse der letzten 24 Stunden werfen und die Schritte für die nächsten 24 Stunden planen und abstimmen.

Parallel zur Entwicklungsarbeit arbeiten Product Owner und Entwickler weiter am Product Backlog. Wie beim Sprint Planning geht es darum, dass die Entwickler die Items verstehen und sie schätzen. Im Zuge dessen werden auch größere bzw. gröbere Items, die nun im Product Backlog weiter nach oben gerutscht sind, genauer definiert und in kleinere Pakete zerteilt. Dieses Vorgehen wird „Product Backlog Refinement" genannt, ist jedoch kein offizielles Scrum-Event. Die Autoren des Scrum Guides lassen hier den Teams die Freiheit, das Refinement als Meeting einzuplanen oder es als fortlaufende Tätigkeit umzusetzen.

Abschluss

Bis zum Ende des Sprints haben die Entwickler ein getestetes „Increment", das dritte offizielle Scrum-Artefakt, erstellt (Transparency) und stellen es dem Product Owner im „Sprint Review" vor (Inspection). Der Product Owner und bei Bedarf die Stakeholder evaluieren das Increment. Änderungswünsche kommen in das Product Backlog (Adaptation) und werden dort vom Product Owner gegen die bereits vorhandenen Product Backlog Items priorisiert, denn der Sprint wird bei Änderungswünschen nicht verlängert. Das Sprint Review schließt die Feedbackschleife bezüglich des Produkts.

Bevor der Sprint in dieser exemplarischen Beschreibung zu Ende geht, möchte ich noch kurz auf die bisher unerwähnte Verantwortlichkeit des „Scrum Masters" eingehen. Er trifft keine inhaltlichen Entscheidungen und greift nicht direkt in den Entwicklungsprozess ein. Er hilft bei der Umsetzung von Scrum, indem er dem Team als Moderator und Vermittler zur Verfügung steht, und er ist für organisatorische Fragen und Abläufe zuständig. Er kümmert sich darum, die Arbeitsumgebung des Teams zu optimieren, schiebt Änderungen in der Organisation an und räumt dadurch der Produktentwicklung Hindernisse, englisch „Impediments", aus dem Weg.

Sprint Retrospective

Das letzte Event innerhalb des Sprints ist die „Sprint Retrospective". Hier diskutiert das „Scrum Team", also Product Owner, Entwickler und Scrum Master, den Verlauf des aktuellen Sprints und sucht nach Verbesserungsmöglichkeiten in der Arbeitsweise. Die Sprint Retrospective schließt die Feedbackschleife bezüglich der Arbeitsweise beziehungsweise des Prozesses. Mit dem Ende der Retrospective ist auch der Sprint zu Ende, der neue Sprint startet unmittelbar danach.

Was passiert, wenn die Entwickler vor Ablauf des Sprints alle Items im Sprint Backlog abgearbeitet haben? Sie ziehen das nächste Item aus dem Product Backlog nach – jedoch nur wenn sie sicher sind, dass dieses Item in der verbleibenden Zeit auch umgesetzt werden kann. Bleiben Items im Sprint unbearbeitet, so wandern diese zurück ins Product Backlog und der Product Owner priorisiert sie gegen die dort vorhandenen Items. Bei Scrum wird also der Takt des Sprints gehalten und bei Unwägbarkeiten – dies sind üblicherweise Schätzfehler, technische Probleme oder Störungen – mit dem Inhalt des Sprints „geatmet".

Nach diesem Überblick steige ich in den folgenden Unterkapiteln in die detaillierte Definition des Scrum-Frameworks ein.

Ergebnisverantwortlichkeiten

Ergebnisverantwortlichkeiten (accountabilities) ersetzen im Scrum Guide 2020 die Scrum-Rollen. Damit sollen die Hierarchielosigkeit und die gemeinsame Verantwortung noch stärker betont werden. Es gibt jetzt nur noch das Scrum Team und nicht mehr, wie früher, ein Development Team im Scrum Team.

Product Owner

Der Product Owner verantwortet das „Was". Er fungiert als Schnittstelle zu den Stakeholdern, somit zum Markt und pflegt das Product Backlog. Genau genommen kann er die inhaltliche Arbeit im Backlog auch an andere, zum Beispiel die Entwicker oder Stakeholder, delegieren. Was aber definitiv in seiner Verantwortung bleibt, ist die Priorisierung der Items im Product Backlog. Und er ist der Einzige in der Organisation, der über die Priorisierung entscheidet. Dadurch trägt auch er allein die Verantwortung für Kosten, Inhalte und Zeitplan der Produktentwicklung.

Nach welchen Aspekten der Product Owner das Product Backlog priorisiert, bleibt ihm überlassen. In der Praxis spielt zumeist der Geschäftswert der Anforderungen die Hauptrolle: Ziel ist es, die wertvollsten Produktfunktionen möglichst früh in den Markt zu bringen. Weitere wichtige Aspekte bei der Priorisierung sind externe Deadlines wie Messeauftritte und Gesetzesänderungen, das Risiko hinter der Anforderung, aber auch Qualitätsaspekte wie Architekturanpassungen und Re-Designs.

Der Product Owner ist Ansprechpartner für die Entwickler, wenn es um das Verständnis von Aufgaben und Anforderungen geht. Insbesondere im Sprint Planning und im Backlog Refinement arbeitet er eng mit den Entwicklern zusammen. Auch während des Sprints sollte er nahe am Team sein, um mit kurzer Reaktionszeit Fragen beantworten zu können. Der Product Owner kann folglich nur dann einen guten Wirkungsgrad für sein Scrum Team erzielen, wenn er weitreichende Entscheidungsbefugnisse besitzt und nicht jede Kleinigkeit zunächst mit den Stakeholdern abklären muss.

Das Product Backlog kann vom Product Owner jederzeit verändert werden, ohne die Arbeit der Entwickler zu beeinträchtigen, da diese die PBIs für den Sprint aus dem Product Backlog herausnehmen und im Sprint Backlog ablegen.

Am Ende des Sprints, im Sprint Review, begutachtet der Product Owner das aktuelle Increment und stellt bei Bedarf Änderungswünsche in das Product Backlog, die dann in einem der nächsten Sprints abgearbeitet werden. Um ein direkteres Feedback vom Markt bzw. Kunden zu erhalten, kann der Product Owner auch Stakeholder in das Sprint Review einladen. In der Praxis empfiehlt es sich, dass Entwickler und Product Owner die abgearbeiteten Backlog Items schon vor dem Sprint Review besprechen. So können kleine Änderungswünsche noch im aktuellen Sprint eingearbeitet werden und der Aufwand im Sprint Review bleibt überschaubar.

In der Sprint Retrospective hilft der Product Owner, als Teil des Scrum Teams, Verbesserungspotentiale für die Arbeitsweise des Scrum Teams zu finden und Maßnahmen festzulegen.

Entwickler (Developer)

Die Entwickler verantworten das „Wie". Sie organisieren sich selbst und sind für die Entwicklung des Produkts zuständig. Ihnen obliegt die Analyse der Anforderungen, das Design, der Bau des Produkts, der Test sowie alle Tätigkeiten, die für das Produkt notwendig sind, wie zum Beispiel die Dokumentation. Die Entwickler haben, als Kern der Wertschöpfung, die technische Hoheit über das Produkt und die Infrastruktur der Produktentwicklung.

Im Sprint Planning sowie im Backlog Refinement stellen die Entwickler im Dialog mit dem Product Owner sicher, dass sie die Product Backlog Items verstanden haben, sie schätzen die Größe der

Product Backlog Items und geben dem Product Owner Rückmeldung zu technischen Abhängigkeiten, Machbarkeit, Bedarf an Überarbeitungen usw. Dies sind wichtige Informationen für den Product Owner, die wiederum Einfluss auf die von ihm vorgenommene Priorisierung im Product Backlog haben.

Die Entwickler fügen im Sprint Planning bei Bedarf Aufgaben zur Umsetzung der ausgewählten Backlog Items in das Sprint Backlog ein. Sie planen demnach sein Vorgehen zur Abarbeitung der Items.

Bei der Produktentwicklung im Sprint arbeiten die Entwickler die ins Sprint Backlog übernommenen Product Backlog Items von oben nach unten ab, denn die Entscheidung über die Priorisierung liegt nach wie vor beim Product Owner. So ist bei Problemen sichergestellt, dass am Ende des Sprints die am wenigsten wichtigen der ausgewählten PBIs übrig bleiben. Es können durchaus mehrere Items gleichzeitig bearbeitet werden, was jedoch das Risiko erhöht, dass zum Ende des Sprints viele Dinge nicht abgeschlossen sind. Im Idealfall stürzen sich alle Entwickler auf das erste Item im Sprint Backlog und arbeiten so Item für Item ab. Kleine Items und kleine Teams erleichtern dieses Vorgehen und schaffen somit die in der Entwicklung gewünschte Agilität.

Einmal täglich treffen sich die Entwickler zum Daily Scrum, um die kommenden 24 Stunden zu planen. Für den Einstieg hat es sich bewährt, dass jeder kurz den anderen erzählt, was er gestern getan hat, was er heute tun wird und wo er Unterstützung von anderen Entwicklern benötigt.

Sobald ein Item abgearbeitet ist, kontaktieren die Entwickler den Product Owner und versuchen, für dieses Item schon während des Sprints eine Rückmeldung zu erhalten, um das Sprint Review zu entlasten. Ebenso nehmen die Entwickler Kontakt zum Product Owner auf, falls während der Entwicklung Unklarheiten zu den Backlog Items auftauchen oder Verzögerungen gegenüber der Planung abzusehen sind.

Die Entwickler präsentieren dem Product Owner während des Sprint Reviews das Product Increment und bekommen so wichtiges Feedback zum Produkt. Verbesserungsvorschläge zur eigenen Arbeitsweise diskutieren sie in der Sprint Retrospective mit Scrum Master und Product Owner.

Scrum Master

Der Scrum Master hat innerhalb der eigentlichen Produktentwicklung keine Befugnisse, ist dennoch bei Scrum der Schlüssel zum Erfolg! Er hat grob skizziert drei Aufgaben:

- Erstens ist er Agile Coach für das Scrum Team und die Organisation. Dies setzt voraus, dass der Scrum Master fundierte Erfahrungen mit Scrum, Agilität und agilen Transformationen hat und sowohl seinem Team als auch Stakeholdern und der Organisation helfen kann, agile Produktentwicklung zu verstehen und zu leben.
- Zweitens ist der Scrum Master derjenige, der die Ausführung von Scrum de facto sicherstellt. Er hilft dem Scrum Team und der Organisation, die von Scrum vorgegebenen Regeln einzuhalten.
- Die dritte Funktion des Scrum Masters ist meiner Einschätzung nach die bedeutendste. Ein erfahrenes Scrum Team benötigt sehr wenig Coaching und Scrum-Unterstützung, wodurch der Scrum Master Ressourcen frei hat, um sich um seine Hauptaufgabe zu kümmern: Hindernisse in der Organisation, die das Scrum Team in seinem eigenverantwortlichen Arbeiten hemmen, zu kommunizieren und zu beseitigen.

Viele Organisationen, die Produktentwicklung betreiben, haben in den letzten Jahrzehnten das Gefühl dafür verloren, wie sehr die Wertschöpfung aus der Entwicklung und nicht aus den unterstützenden Prozessen kommt. In diesen Organisationen entstanden im

Laufe der Zeit unbeabsichtigt immer mehr jener Hindernisse, die die Produktentwicklung verlangsamen. Beispiele dafür können Einkaufs- und Entwicklungsprozesse, Organisations- und Verantwortungszuschnitte und fehlende Infrastruktur, insbesondere Test-Infrastruktur, sein. Abbildung 19 zeigt die agile Hierarchie: Die Organisation dient der Produktentwicklung.

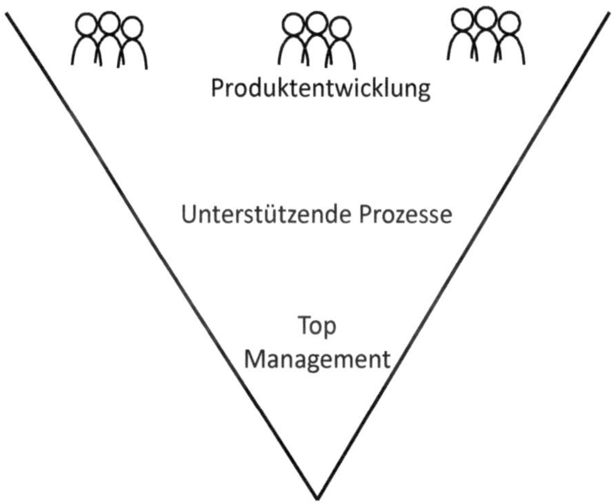

Abbildung 19: Umgedrehte Hierarchie

„Der Scrum Master arbeitet also nicht, er kümmert sich nur um sein Team? Das soll eine eigene Stelle rechtfertigen? Kann der Scrum Master nicht mehrere Teams betreuen, damit er sich rechnet?" Diese Fragen begegnen mir oft in Scrum-Trainings. Eine mögliche Antwort, die den Wert des Scrum Masters betont, lautet: „Ein guter Scrum Master kann zwei Scrum Teams betreuen. Ein exzellenter Scrum Master hingegen wird lediglich ein Scrum Team betreuen." Was bedeutet das im Scrum-Alltag? Das Scrum Team meldet dem

Scrum Master Hindernisse in der Organisation, sogenannte „Impediments". Impediments können in der Sprint Retrospective, im Daily Scrum oder während des Sprints an den Scrum Master herangetragen werden. Die Aufgabe des Scrum Masters ist es nun, die Impediments aus dem Weg zu räumen, indem er allen Beteiligten im Unternehmen die agilen Grundlagen vermittelt und so schrittweise die Organisation dahin verändert, dass diejenigen, die Wert schöpfen, ideale Arbeitsbedingungen vorfinden. Vielleicht fragen Sie sich jetzt, ob es denn zielführend sei, die Produktentwicklung über alles zu stellen. Doch spätestens wenn einer Ihrer Wettbewerber mit diesem Konzept erfolgreich ist, werden Sie sich Gedanken machen müssen.

Das Beseitigen der Impediments durch den Scrum Master ist der Schlüssel für die mit Scrum erzielbaren Performance-Steigerungen. Dies bedingt jedoch gleichzeitig die Bereitschaft der Organisation, das Scrum Team als Wertschöpfungsteam in den Mittelpunkt zu stellen, auf dessen eigenverantwortliches Handeln zu vertrauen und sich von fundamentalen Elementen des traditionellen Projektmanagements bewusst zu verabschieden. Der Scrum Master sollte in der Hierarchie der Organisation gut vernetzt sein, oder die Organisation stellt eine Schnittstelle in der Hierarchie bereit, durch die er Dinge wirksam verändern kann.

Der Erfolg von Scrum steht und fällt infolgedessen mit der Umgestaltungsbereitschaft der Organisation und mit der Akzeptanz für die Arbeit des Scrum Masters. Leider ist in der Praxis immer wieder zu beobachten, wie ein Entwickler zum „Teilzeit-Scrum-Master" ernannt wird, ohne die Möglichkeit zu haben, die Organisation im Sinne seines Scrum Teams wirksam mit- bzw. umgestalten zu können.

Praxistipp: Doppelbesetzungen

Immer wieder stellt sich die Frage, ob ein Mensch mehrere Aufgaben in Scrum übernehmen kann. Prinzipiell ist das möglich, denn es handelt sich lediglich um Verantwortlichkeiten, die theoretisch auch kombiniert werden könnten. Nach meiner Erfahrung gibt es jedoch ein paar Einschränkungen.

- Entwickler ist auch Scrum Master: Ein Setting, das mir in der Praxis oft begegnet. Die Motivation ist meist, einen freigestellten Scrum Master einzusparen. Damit wird jedoch die Tätigkeit des Scrum Masters auf die Verwaltung von Scrum reduziert. Seinem Hauptjob, Impediments zu beseitigen, kann er in der Regel nicht nachkommen. Er hat meist weder die Zeit noch die Stellung, um Veränderungen in der Organisation zu bewirken.
- Entwickler ist auch Product Owner: Dieses Setting kommt eher selten vor. Der Product Owner hat weitreichende Befugnisse hinsichtlich Zeitplan und Budget der Entwicklung – dieser Aufgabenbereich wird selten mit einem Entwickler besetzt. Auch im Hinblick auf den Zeitbedarf für die Product-Owner-Verantwortlichkeit birgt diese Konstellation erhebliche Konflikte.
- Product Owner ist auch Scrum Master: Diese Kombination würde ich auf keinen Fall eingehen. Die beiden Verantwortlichkeiten haben grundlegend verschiedene Interessen. Während der Product Owner möglichst viel Funktionalität pro Sprint will und in seinem Eifer vielleicht auch einmal Schätzungen der Entwickler hinterfragt oder anderweitig Druck ausübt, soll der Scrum Master genau das verhindern. Die Trennung schafft hier die Möglichkeit, Konflikte zwischen den Verantwortlichkeiten transparent zu machen und so dem Scrum Team die Möglichkeit zu geben, daraus zu lernen. Transparency – Inspection – Adaptation.

Praxistipp: Linienfunktionen

Beim Übergang zu Scrum stellt sich die Frage, welche Rolle die bisherigen Teamleiter und Projektleiter einnehmen sollen. Auch wenn die Aufgaben des Projektleiters sich nun auf das komplette Scrum Team verteilen, so gibt es die meisten Überschneidungen doch beim Product Owner. Dieser verantwortet Inhalte und Budget und steht im Austausch mit den Stakeholdern. Die Verantwortung, das Arbeitsumfeld zu optimieren sowie Aufgaben zu planen und zu verfolgen, muss der bisherige Projektleiter abgeben – dafür sind nun Scrum Master und Entwickler zuständig.

Einen Teamleiter als Product Owner oder Scrum Master in einem Scrum Team einzusetzen, bei dem die anderen Menschen ihm disziplinarisch unterstellt sind, sehe ich sehr kritisch. Das Scrum Team ist so gestaltet, dass es innerhalb des Teams keine Hierarchien oder Weisungsbefugnisse gibt – ein echtes Team eben.

Als Führungskraft ist ein Teamleiter im Prinzip ein guter Scrum Master. Er hat die Position und das Netzwerk, um Dinge zu verändern. Dadurch ändert sich seine Tätigkeit aber maßgeblich, von der Arbeit im System hin zur Arbeit am System. Urlaubsfreigaben, Mitarbeiterbeurteilungen und andere etablierte Demotivatoren passen nicht zu den Aufgaben des Scrum Masters. Für ein solches Setting empfehle ich, die Scrum Master zwischen den Teams „über Kreuz zu verschalten", so dass ein Teamleiter Scrum Master bei einem Scrum Team ist, bei dem ihm niemand disziplinarisch unterstellt ist. Schwierig ist ein solches Setting, wenn die Teamleiter eine starke inhaltliche Verknüpfung zu ihrem untergebenen Team haben. Dies ist relativ häufig anzutreffen, weil oft Fachexperten mangels anderer Aufstiegsmöglichkeiten in Führungspositionen befördert werden.

Praxistipp Team-WIKI

Viele Teams verwenden ein WIKI oder ein ähnliches System, um Teambeschlüsse festzuhalten. Timeboxes, Uhrzeiten, Werkzeuge, Vorgehensweisen, Definition of Done, Definition of Ready und vieles mehr kann dort abgelegt werden und ist für alle immer zentral verfügbar. Ob es ein WIKI sein muss, alles Wesentliche auf Flipcharts im Team-Raum niedergeschrieben wird oder irgendetwas dazwischen, entscheidet das Scrum Team.

Scrum-Artefakte

Product Backlog

Das Product Backlog ist das Artefakt, in dem alle Aufgaben und Anforderungen zusammenlaufen, um das Product Goal zu erreichen. Es ist mir wichtig, noch einmal die Eigenschaften eines Backlogs zu betonen. Die elementarste: Ein Backlog hat eine eindeutige Sortierung nach der Priorität der Einträge, der „Product Backlog Items". In einem Backlog gibt es somit nie zwei Dinge mit derselben Priorität. Das Item mit der höchsten Priorität steht immer oben, ein Backlog wird folgerichtig von oben nach unten abgearbeitet. Ein Backlog kann verschiedene Arten von Einträgen enthalten. In der Produktentwicklung sind dies meist Anforderungen, eventuell in Form von sogenannten „User Stories" (dazu später mehr) oder Aufgaben, die zu erledigen sind. Daher werde ich im Folgenden immer generisch von „Product Backlog Items" (PBI) sprechen. Alles was zur Entwicklung des Produkts notwendig ist, muss somit als Item in das Product Backlog.

Product Backlog Items in einem Backlog können verschiedene Detaillierungsebenen haben. Oft sind PBIs, die im Backlog oben stehen und damit zeitnah bearbeitet werden, von einer feineren Granularität bzw. einer tieferen Detaillierung als PBIs, die weiter unten stehen und aus diesem Grund auf der Zeitachse weiter entfernt sind. Backlog Items „reifen" also auf ihrem Weg nach oben, so wird nicht zu früh Zeit und Geld in Spezifikationen und Analysen gesteckt, die bei späteren Änderungen hinfällig wären.

Der Product Owner trägt die Verantwortung für die Priorisierung im Product Backlog. Die Einträge können, nach Absprache, auch von anderen Personen in das Product Backlog eingetragen werden. So können zum Beispiel die Entwickler eine Aufgabe zur Überarbeitung von Architektur oder Design oder eine Forschungsaufgabe einsteuern, indem sie diese Aufgaben direkt in das Product Backlog schreiben.

Sprint Backlog

Während das Product Backlog das Artefakt des Product Owners ist, ist das Sprint Backlog das Artefakt der Entwickler. Diese übernehmen im Sprint Planning die Product Backlog Items in das Sprint Backlog, die nach ihrer Ansicht in den Sprint passen. Dabei behalten die ausgewählten PBIs strikt ihre Priorität aus dem Product Backlog, da nur der Product Owner die Priorisierung ändern darf. So, wie das Product Backlog mit dem Product Goal verbunden ist, ist das Sprint Backlog mit dem Sprint Goal verbunden, welches einen Rahmen für alle Aktivitäten im Sprint schafft und das Vorhaben einen Schritt näher zum Product Goal bringen soll.

Im Gegensatz zum Product Backlog beinhaltet das Sprint Backlog für gewöhnlich keine Product Backlog Items mit verschiedenen Detaillierungsgraden, denn alle PBIs, die im Sprint Backlog stehen, müssen so detailliert und verständlich dargestellt sein, dass die Entwickler sofort und eigenverantwortlich mit der Abarbeitung beginnen können.

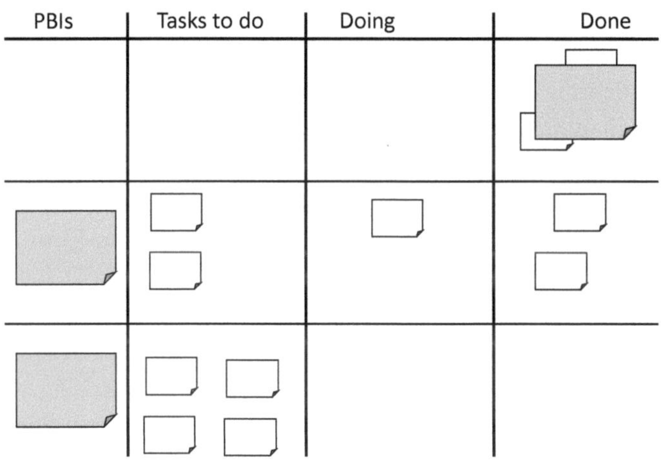

Abbildung 20: Sprint Backlog

Neben übernommenen PBIs kann das Sprint Backlog auch Aufgaben, englisch „Tasks“, enthalten, die die Entwickler für die Abarbeitung der einzelnen PBIs für notwendig erachten. Diese Tasks werden von den Entwicklern während des Sprint Plannings oder später, während des Sprints, dem Sprint Backlog hinzugefügt.

Das Sprint Backlog enthält somit die für den Sprint vorgesehenen PBIs und die zur Abarbeitung der PBIs notwendigen Tasks (Abbildung 20). Sehr oft wird das Sprint Backlog deshalb als sogenanntes Task Board oder Scrum Board gestaltet, auf dem über verschiedene Spalten der Abarbeitungsgrad von PBIs und Tasks dargestellt wird.

Bitte beachten Sie: Scrum definiert lediglich das Sprint Backlog als Backlog für ausgewählte PBIs und die zugehörigen Tasks. Die Ausprägung als Scrum Board mit vier Spalten ist ein Werkzeug, das oft mit Scrum eingesetzt wird, es ist jedoch kein Bestandteil von Scrum.

Praxistipp: Medienwahl für Scrum Teams

Ein einzelnes Scrum Team kann problemlos mit Haftnotizen, Whiteboards und Flipcharts arbeiten. Dadurch ist die Schwelle, Notationen und Arbeitsweisen zu verändern, deutlich kleiner als beim Einsatz von Software-Werkzeugen.

Lediglich die Pflege des Product Backlogs wäre mit Haftnotizen etwas unhandlich, hier reicht aber oft schon eine kleine Bastellösung mit einer Tabellenkalkulation aus.

Sobald mehrere Teams zusammenarbeiten und/oder die Teammitglieder verteilt sind, führt kein Weg an einer Software-Lösung für Product- und Sprint Backlog vorbei.

Meine Empfehlung: Versuchen Sie zu Beginn, so viel wie möglich papierbasiert zu machen. Das hilft, den Fokus auf der Arbeitsweise statt auf dem Werkzeug zu halten und erleichtert schnelle Anpassungen.

Increment

Neben den beiden Backlogs ist das dritte von Scrum definierte Artefakt anderer Natur. Es ist kein Dokument, sondern das Produkt, das aktuell entwickelt wird.

Ziel von Scrum ist es, nach jedem Sprint eine neue Version des Produkts („Increment“ = schrittweise Weiterentwicklung des Produkts durch neue Funktionalitäten) vorzulegen, und zwar in einer Qualität, die es dem Kunden ermöglicht, das Produkt operativ einzusetzen. Diesen Zustand nennt man „done“, also erledigt, und so lautet auch die kürzeste existierende Definition von Scrum: „Ziel von Scrum ist es, ein done increment zu liefern.“ Das Produkt mit Hilfe von Scrum alle paar Wochen in einen Done-Zustand zu versetzen, ist in der Software naturgemäß einfacher als in der Systementwicklung. Auch in diesem Bereich gibt es jedoch interessante Projekte, in deren Rahmen zum Beispiel im Wochentakt neue Inkremente eines Autos geliefert werden. Das gemeinsame Verständnis von „done“ wird in der „Definition of Done“ dokumentiert (dazu später mehr).

Mit der Vorgabe von done greift Scrum zwei Themen auf. Zum einen soll das Product Increment möglichst bald vom Kunden oder Stakeholder im Business eingesetzt werden können, um schon am Anfang des Entwicklungsverlaufs Umsatz zu generieren oder Kosten zu senken. Zusätzlich liefert ein realer Einsatz die wertvollsten Rückmeldungen für die „probe-sense-respond“-Schleifen.

Nicht jeder Kunde will jedoch in kurzen Takten mit Produktinkrementen in den Markt gehen, womit wir beim zweiten Vorteil von „done“ sind, der leicht übersehen wird: Nur wenn das Increment wirklich „done“ ist und infolgedessen alle Tests gemacht, alle Dokumentation nachgezogen und alle Zeichnungen und Quellcodes in den entsprechenden Systemen abgelegt wurden, kann die Organisation eine objektive Aussage über den Fortschritt in der Entwicklung machen. Unerledigte Dinge schieben sich wie eine Teppichfalte vor der Organisation her, sind immer schwerer abzuschätzen und erhöhen somit die Unplanbarkeit in der Entwicklung.

Praxistipp: Product Increment

Ein getestetes und dokumentiertes Increment, ein sogenanntes „done" Increment, schafft früh Wert für die Stakeholder und liefert die beste Rückmeldung über den Fortschritt der Entwicklungsaktivitäten. In der Softwareentwicklung sind die Zeiten für Aufbau und Test des Produkts zu vernachlässigen, die Werkzeuge dazu sind etabliert. In der Systementwicklung hingegen ist es oft nicht möglich, innerhalb eines Sprints ein getestetes Product Increment auf den Tisch zu legen. Hier muss das Product Increment anders definiert werden. Ich verwende dazu zwei Leitfragen:

1. Was können wir im nächsten Sprint erreichen, um dem Produkt Wert hinzuzufügen?
2. Welche Arbeitsprodukte können wir im nächsten Sprint liefern und wer kann uns Feedback dazu geben? (Abbildung 3)

Diese beiden Fragen zielen darauf ab, so nah wie möglich am iterativ-inkrementellen Konzept zu bleiben und nicht in eine wasserfallartige Vorgehensweise abzugleiten. Ein Konzept oder eine Zeichnung ist für sich genommen nichts wert, nur getestete Dinge liefern Feedback. Besser als Zeichnungen sind also Simulationen, Versuche, Wegwerf-Prototypen usw. Im Idealfall gelingt es so, den Gedanken des Increments zu behalten, aber Increments in verschiedenen Reifegraden zu definieren, um in kurzen Zyklen entwickeln zu können.

Scrum-Events

Sprint

Der Sprint nimmt unter den Scrum-Events eine Sonderrolle ein. Daher wird er häufig bei der Aufzählung der Events vergessen. Der Sprint ist ein Container-Event, das alle anderen Events enthält (Abbildung 21). Er startet daher nicht, wie manchmal formuliert, nach dem Sprint Planning, sondern mit dem Sprint Planning und endet mit dem Ende der Sprint Retrospective. Sobald ein Sprint zu Ende ist, startet automatisch der nächste Sprint. Es gibt daher keinen Zeitraum zwischen zwei Sprints. Gemäß dem Scrum Guide dauert ein Sprint maximal einen Monat. In der Praxis wird das obere Limit oft auf vier Wochen festgesetzt beziehungsweise werden Sprints immer als Vielfaches einer Woche definiert. So können die Wechsel von einem Sprint in den anderen immer an denselben Wochentagen erfolgen.

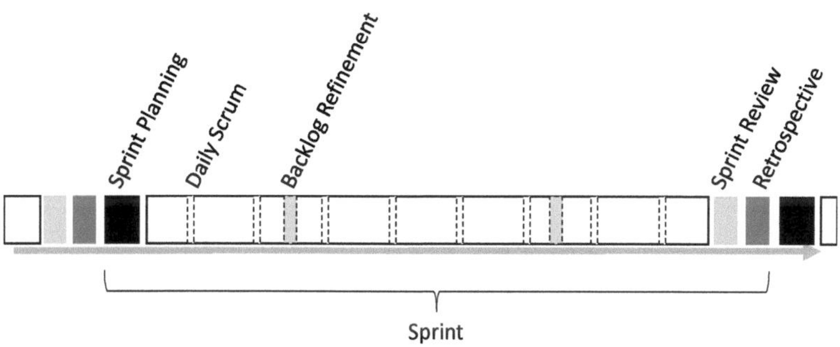

Abbildung 21: Sprint auf der Zeitachse

Praxistipp: Moderation

Bei neu zusammengestellten Scrum Teams wird der Scrum Master die Rolle eines Moderators einnehmen. Bis das Scrum Team eingespielt ist, fordert der Scrum Master auch die Einhaltung der Timeboxes ein und wird die Events konsequent nach Ablauf der Timebox abbrechen.

Sprint Planning

Mit dem Sprint Planning beginnt ein neuer Sprint. Das ganze Scrum Team trifft sich, Product Owner und Entwickler betrachten die obersten Einträge im Product Backlog. Bei der Beschreibung des Sprint Plannings gehe ich davon aus, dass die PBIs den Entwicklern bereits bekannt und verstanden sind und von diesen in ihrer Größe geschätzt wurden.

Im ersten Schritt schätzen die Entwickler ab, welche PBIs im aktuellen Sprint umgesetzt werden können. Dabei müssen sie sich selbstverständlich an die vom Product Owner vorgegebene Priorisierung halten. Sie übernehmen folglich PBI für PBI vom Product Backlog in das Sprint Backlog, bis der Sprint „voll" ist. Der Product Owner beantwortet bei Bedarf offene Fragen zu den Anforderungen und legt zusammen mit den Entwicklern das übergreifende Ziel für den Sprint fest, das „Sprint Goal".

Im zweiten Schritt – oder parallel zum ersten Schritt – planen die Entwickler die Tätigkeiten für den Sprint. Oft werden dazu Tasks aufgeschrieben, die zur Umsetzung der ausgewählten PBIs notwendig sind. Diese werden ebenfalls in das Sprint Backlog aufgenommen. Im Sprint Planning müssen nicht zwangsläufig alle Tasks für den Sprint definiert werden, es genügt eine nicht näher festgelegte Anzahl, mit der die Entwickler nach diesem Event ihre Arbeit beginnen können. Der Rest kann später, im Laufe des Sprints, definiert werden.

Die hier beschriebenen Schritte müssen nicht zwangsläufig sequentiell erfolgen. Sie haben beide im Sprint Planning zu erfolgen – wann und wie bleibt dem Scrum Team überlassen. Laut Scrum Guide soll das Sprint Planning für einen einmonatigen Sprint nicht länger als acht Stunden dauern, für einen üblichen Zwei-Wochen-Sprint daher höchstens vier Stunden. In der Praxis kann ein Sprint Planning deutlich unter einer Stunde abgehalten werden, wenn im Vorfeld alle in Frage kommenden Product Backlog Items geklärt und geschätzt sind.

Daily Scrum

Das täglich stattfindende „Daily Scrum" ist ein Event der Entwickler. Scrum Master, Product Owner oder andere müssen nicht anwesend sein, können aber als Zuhörer teilnehmen.

Das Daily Scrum ist kein Reporting-Meeting, sondern ein Koordinations- und Planungsmeeting für die Entwickler. Es werden kurz die vergangenen 24 Stunden reflektiert und es wird die Arbeit für die nächsten 24 Stunden geplant. Ziel des Events ist, alle Anwesenden mit den Informationen zu versorgen, die sie für ihre autarke Arbeit bis zum nächsten Daily Scrum benötigen. Für den Einstieg in Scrum hat es sich bewährt, dass jedes Team-Mitglied kurz die drei folgenden Fragen beantwortet:

- Was habe ich gestern getan?
- Was werde ich heute tun?
- Wo benötige ich Unterstützung?

Diese Fragen spiegeln die Idee des Daily Scrum wider. Sie waren früher als Vorschlag im Scrum Guide enthalten, wurden jedoch in der aktuellen Version entfernt, um die Gefahr eines Reporting-Meetings zu verringern.

Die Timebox für das Daily Scrum ist mit 15 Minuten definiert, wobei dieses Event nicht mit der Sprintlänge skaliert.

Praxistipp: Daily Scrum

Um das Daily Scrum in 15 Minuten zu bewältigen, ist anfangs eine intensive Lernphase notwendig, da Lösungsdiskussionen mit Blick auf das Einhalten der Timebox sofort abgebrochen werden müssen. Dessen ungeachtet dürfen wichtige Diskussionen nicht verloren gehen. So kann der Scrum Master eine Diskussion unterbrechen, indem er dem Hauptredner einen Block mit Haftnotizen in die Hand drückt und alle Diskussionspartner auffordert, ein entsprechendes Stichwort zu vermerken und an die nächste Wand zu kleben. Diese Wand ist dann der Treffpunkt für alle, die an dem Thema interessiert sind und nach dem Daily Scrum die Diskussion fortsetzen wollen. In der Praxis sind auch eher amüsante Lösungen zu beobachten, wie zum Beispiel die Durchführung des Meetings in einer Fremdsprache, um den allgemeinen Redefluss einzudämmen. Nützlich ist auf jeden Fall ein Meeting-Timer (Software oder Hardware), um allen Teilnehmern Transparenz über die verbleibende Zeit zu bieten.

Sprint Review

Als vorletztes Event im Sprint, nach der Fertigstellung des Increments, findet das Sprint Review statt. Das Review schließt die Feedbackschleife für das Produkt. Dementsprechend treten hier Product Owner und Entwickler in Aktion. Optional können Stakeholder am Review teilnehmen, um besseres Feedback über die Bedürfnisse des Marktes beziehungsweise des internen oder externen Kunden zu bekommen.

Im Sprint Review demonstrieren die Entwickler das Product Increment dem Product Owner und eventuell anwesenden Stakeholdern. Änderungswünsche werden ins Product Backlog aufgenommen. Der Sprint wird nicht verlängert, auch nicht, um noch schnell ein paar Kleinigkeiten zu beheben. Nicht vollständig abgearbeitete PBIs landen wieder im Product Backlog und werden dort gegen die vorhandenen Einträge priorisiert.

Die Timebox für das Sprint Review darf für einen einmonatigen Sprint vier Stunden nicht überschreiten. Je nach Produkt und Art der Demonstration kommt im Sprint Review recht viel zusammen. In der Praxis ist es daher üblich, dass die Entwickler während des laufenden Sprints vom Product Owner Rückmeldungen zu einzelnen abgearbeiteten PBIs einholen. Das entlastet zum einen das Sprint Review und schafft dort Raum für den Austausch mit den Stakeholdern, zum anderen ermöglicht ein frühes Feedback noch kleine Korrekturen im laufenden Sprint. Damit vermeidet man eine „Teppichfalte" aus kleinen Änderungswünschen, die sonst im Sprint Review ins Product Backlog platziert werden. Natürlich sollten Korrekturen, die das Sprint-Ziel gefährden würden, auf spätere Sprints verschoben werden.

Sprint Retrospective

Während das Sprint Review, wie bereits erwähnt, den Feedback-Zyklus bezüglich des Produkts schließt, verarbeitet die Sprint Retrospective das Feedback hinsichtlich des Prozesses. Die Sprint Retrospective hat für einen einmonatigen Sprint eine maximale Timebox von drei Stunden. Im Gegensatz zu den anderen Events, bei denen stille Zuschauer gerne gesehen werden, findet die Retrospective hinter verschlossenen Türen statt und bietet so einen geschützten Raum für das Scrum Team.

In diesem Event reflektiert das Scrum Team den aktuellen, gerade zu Ende gehenden Sprint. Was lief gut? Was lief schlecht? Was sollte beibehalten werden? Was nicht? Was sollte begonnen werden? Das Scrum Team versucht, Verbesserungspotentiale für die eigene Arbeitsweise abzuleiten. Erfahrene Teams einigen sich dabei nach einer möglichst systematischen Reflexion und Bewertung von positiven und negativen Aspekten des letzten Sprints auf einen einzigen Verbesserungspunkt, den sie im kommenden Sprint umsetzen können. Die Sprint Retrospective, oft nur „Retro" genannt, bietet durch den geschützten Raum auch die Möglichkeit, soziale Spannungen im Team anzusprechen und aus der Welt zu räumen. Es gilt folgende Grundregel: Wenn nach der Retro auf dem Flur über Personen und Probleme diskutiert wird, hat die Retro nicht funktioniert. Internetseiten, wie zum Beispiel „Retromat" (plans-for-retrospectives.com), bieten verschiedene Moderationstechniken für dieses Event an, das meist vom Scrum Master moderiert wird. Mit dem Ende der Sprint Retrospective endet auch der aktuelle Sprint und der neue beginnt.

Praxistipp: Tage und Zeiten

Alle verwendeten Timeboxes, also die Sprintlänge sowie die Längen der anderen vier Scrum-Events, werden vom Scrum Team festgelegt, ebenso die Wochentage und Uhrzeiten der Events. Die meisten Teams legen den Sprintwechsel, der die beiden letzten Events des alten und das Sprint Planning des neuen Sprints enthält, mitten in die Woche. Ein Sprintende am Freitag ist für viele Teammitglieder schwierig, weil es den Arbeitszeitmodellen Flexibilität nimmt. Da es keine Zeit zwischen zwei Sprints gibt, müssten Review und Retrospective in diesem Fall auf den Freitagnachmittag gelegt werden. In der Praxis werden die Events meist so platziert, dass ein Sprint am Dienstag- oder Mittwochnachmittag endet und der andere am darauffolgenden Vormittag beginnt. Eine Nacht zwischen zwei Sprints ist nach meiner Erfahrung besser als alle drei Events an einem Tag durchzuführen, da es ein Innehalten, Feiern und Abschließen ermöglicht, bevor der neue Planungsabschnitt beginnt.

Analog verhält es sich mit dem Slot für das Daily Scrum. Morgens oder abends würde es Flexibilität aus dem Arbeitszeitmodell nehmen, mitten am Vor- oder Nachmittag hingegen reißt das Daily Scrum die Entwickler aus der Arbeit. Viele legen dieses tägliche Event daher direkt vor die Mittagspause, was auch das Einhalten der 15-Minuten-Vorgabe erleichtern kann.

Die genauen Uhrzeiten für die Events werden vom Scrum Team festgelegt, beim Daily Scrum nur von den Entwicklern. Die Uhrzeiten sollten dabei für einen gewissen Zeitraum konstant bleiben, da es die Komplexität der Teamplanung deutlich verringert.

Weitere Aspekte des Frameworks

Das Scrum Framework beschreibt neben den offiziellen drei Verantwortlichkeiten, drei Artefakten und fünf Events weitere wichtige Aspekte, die ich in diesem Kapitel thematisiere. Insbesondere geht es um die neu eingeführten bzw. besser verorteten „Commitments“ für die drei Artefakte, welche diese klarer definieren sollen: das Product Goal für das Product Backlog, das Sprint Goal für das Sprint Backlog und die Definition of Done für das Increment.

Product Goal

Der Zusammenhang des Increments mit einer Vision war bis 2017 im Scrum Guide enthalten. In der aktuellen Version wird die Vision nicht mehr angesprochen, dafür wurde das Product Goal eingeführt. Ähnlich dem schon länger existierenden Sprint Goal für den Sprint soll das Product Goal ein Ziel und einen Fokus für das ganze Vorhaben setzen und den Kontext für das Product Backlog geben. Dementsprechend kann ein Product Goal auch dann erreicht werden, wenn nicht alle Product Backlog Items umgesetzt wurden.

Sprint Goal

Im Sprint Planning formulieren Product Owner und Entwickler das sogenannte Sprint Goal, eine Art Rahmen für den Sprint. Es vermittelt den Stakeholdern auf einem abstrakteren Level als PBIs das vermögen, was als nächstes Etappenziel ansteht. Es motiviert das Scrum Team in Form eines Ziels, das einen Fokus für den aktuellen Sprint erzeugt.

Zwei Pfade können zum Sprint Goal führen: Entweder der Product Owner hat bereits ein Thema für den aktuellen Sprint und entsprechend die zugehörigen PBIs im Product Backlog nach oben sortiert, oder er definiert zusammen mit den Entwicklern das Sprint Goal anhand der aktuell hoch priorisierten PBIs. Je besser die aktuellen PBIs thematisch zusammenpassen, umso höher sind Fokus und Produktivität für den aktuellen Sprint und umso leichter ist es, ein Sprint Goal zu formulieren.

Wird das Sprint Goal hinfällig – weil sich zum Beispiel die Anforderungen während des Sprints radikal geändert haben oder technische Probleme das Erreichen des Sprint Goals unmöglich machen –, hat der Product Owner als einziger das Recht, den Sprint abzubrechen. In der Praxis wird diese Option sehr selten gewählt, denn ein Sprint-Abbruch kann für alle Beteiligten sehr frustrierend sein und würde unter Umständen den Takt in der Organisation durcheinanderbringen.

Definition of Done

Die sogenannte Definition of Done, kurz DOD, legt fest, was erledigt sein muss, um am Ende des Sprints ein Increment vorstellen zu können. Die DOD enthält somit die Qualitätskriterien des Increments und ist die Basis für die transparente Messung des Fortschritts. Anders formuliert: Die DoD stellt den Kontext für das Increment.

In der Definition of Done werden in der Regel Aspekte zu Produkttests, Dokumentation und Dokumentenmanagement festgeschrieben. Eine minimale DOD für Software enthält zum Beispiel die erforderlichen Testarten, die Anforderungen an die Dokumentation und Vorgaben zum Zustand des Quellcodes in der Versionskontrolle. Laut Scrum Guide gibt die Organisation die Definition of Done vor – tut sie dies nicht, wird die DOD vom Scrum Team festgelegt.

Product Backlog Refinement

Das Product Backlog Refinement dient der fortlaufenden Aufbereitung des Product Backlogs, denn nach jedem Sprint Planning müssen die nun neu an die oberen Positionen im Product Backlog gelangten PBIs inhaltlich geklärt, zerkleinert und geschätzt werden. Wie beim Sprint Planning sind hierfür der Product Owner und die Entwickler zuständig. Bei Bedarf werden auch weitere Experten oder Stakeholder dazu eingeladen. Das Scrum Framework definiert das Backlog Refinement nicht als Event, sondern als fortlaufende Tätigkeit, denn es will dem Scrum Team nicht die operative Ausprägung seiner Arbeit am Product Backlog vorschreiben.

Für das Product Backlog Refinement stellt der Product Owner den Entwicklern die noch nicht bekannten PBIs vor und klärt im Dialog die Anforderungen. Oft bestehen Backlog Items nur aus einem Satz. In diesem Fall befragen die Entwickler den Product Owner, um die konkreten Anforderungen zu erfahren. Scrum verfolgt hier die Umkehr der Bring- zur Holschuld. In klassischen Anforderungsdokumenten werden viele Dinge aufgeschrieben, von denen einige nützliche Informationen für die Entwicklung liefern, andere aber im Lean-Sinne schlicht Verschwendung darstellen. Den besten Wirkungsgrad bei der Anforderungsdefinition erhalten Sie, wenn die Entwickler den Product Owner nach den genauen Vorstellungen befragen und dabei schon die Akzeptanz möglicher Lösungsvorschläge überprüfen.

Der Product Owner bekommt im Gegenzug Informationen, die Einfluss auf die Priorisierung des Backlogs haben könnten: Zum einen klären die Entwickler ihn über technische Abhängigkeiten zwischen den PBIs auf, zum anderen schätzen sie die Größe der PBIs, woraufhin der Product Owner die Kosten einzelner Anforderungen abschätzen kann.

Praxistipp: Kapazität für die Backlogpflege

Der Aufwand, um ein Product Backlog ständig in guter Qualität vorzuhalten, wird nach meiner Erfahrung oft unterschätzt. Meine Faustregel: Ein Product Owner benötigt mindestens die Hälfte seiner Arbeitszeit (Vollzeitstelle), um mit dem Scrum Team zu arbeiten und das Backlog zu pflegen. In vielen Organisationen entsteht dadurch der Eindruck, dass hier zusätzlicher Aufwand entsteht. Der Aufwand der Anforderungsklärung ist aber immer vorhanden. Scrum macht diesen Aufwand nur transparent und entlastet die Entwickler ein Stück weit von dieser Tätigkeit.

Rechnen Sie einmal durch, welche Kapazität in einem Sprint steckt: Ein Scrum Team mit fünf Entwicklern hat in einem Zwei-Wochen-Sprint eine Kapazität von zehn Personenwochen. Das ist nahezu ein Viertel eines Personenjahrs, für das Sie die zu erledigende Arbeit so vorbereiten müssen, dass die Entwickler möglichst autark loslaufen können. In skalierten Umgebungen mit mehreren Teams ergeben sich selbstverständlich weitaus größere Zahlen. In dem größten Setting, in dem ich bisher tätig war, hatte ein Kalendertag ein Äquivalent von zwei Personenjahren Kapazität. Hier sind dann mehrere Personen Vollzeit mit der Pflege des Backlogs beschäftigt.

Die Werte von Scrum

Schon im ersten Buch über Scrum haben die Autoren Sutherland, Schwaber und Beedle fünf Werte eingeführt, die die Basis für Scrum bilden. Seit 2016 werden diese Werte auch im Scrum Guide als fester Bestandteil von Scrum aufgeführt:

- Focus (Fokus)
- Commitment (Selbstverpflichtung)
- Openness (Offenheit)
- Respect (Respekt)
- Courage (Mut)

Nach meiner Einschätzung darf bei der Diskussion der Werte der Fokus nur auf dem Zusammenspiel aller fünf Werte liegen. Wenn einzelne Werte weggelassen oder unterschiedlich gewichtet werden, kollabiert das ganze Konstrukt. Ein einprägsames Beispiel dafür ist die Balance zwischen Mut und Respekt: Der Mutige ist in der Lage, anderen Teammitgliedern deutlich seine Meinung zu sagen. Ohne den ausgleichenden Wert „Respekt“ jedoch führt Mut nicht zu einem besseren Miteinander im Team und verhindert somit mehr Teamleistung.

Scrum im Einsatz

Das Product Backlog

Das Product Backlog kann in drei Bereiche eingeteilt werden (Abbildung 22):

1. Ganz oben stehen die Product Backlog Items, die dem Team bekannt und ausreichend klein sind, um in einem Sprint bearbeitet zu werden. Diese PBIs werden als „ready“, also „bereit“, bezeichnet, denn sie könnten jederzeit in einen Sprint gezogen werden. Der Bereich, der ready ist, umfasst in der Regel zwei bis drei potentielle Sprints – dadurch sind bei schneller Abarbeitung immer noch fertige PBIs zum Nachziehen verfügbar. Auch wenn der Product Owner sich einmal nicht um das Refinement kümmern kann, sind so genügend bekannte PBIs verfügbar und das Scrum Team kann das Sprint Planning auch ohne die Teilnahme des Product Owners abhalten.
2. Der zweite Bereich enthält PBIs, die bekannt und diskutiert, aber noch nicht ready sind. In der Regel sind diese noch nicht in der notwendigen Tiefe diskutiert und/oder noch zu groß, um in einen Sprint aufgenommen zu werden. Dennoch sind die Größen dieser PBIs bereits grob geschätzt, damit der Product Owner eine Prognose über die Zeitpunkte der Abarbeitung machen kann. Dieser Detaillierungsgrad wird in der Regel so weit in die Zukunft getragen, dass eine Abschätzung von Inhalt und Aufwand für das nächste Release entsteht, entsprechend dem Produkt und der Organisation etwa drei bis sechs Monate nach vorn gerichtet.
3. Der dritte Bereich besteht aus groben Ideen für weitere Releases und muss nicht zwangsläufig geschätzt sein. Der Umfang dieses Bereiches hat keine klare Definition.

Wichtig: Um mit Scrum starten zu können, muss lediglich genug Inhalt für den ersten Sprint im Product Backlog stehen. Die virtuelle Unterteilung in die drei beschriebenen Bereiche ist nur ein Vorschlag, um mit dem Product Backlog umzugehen.

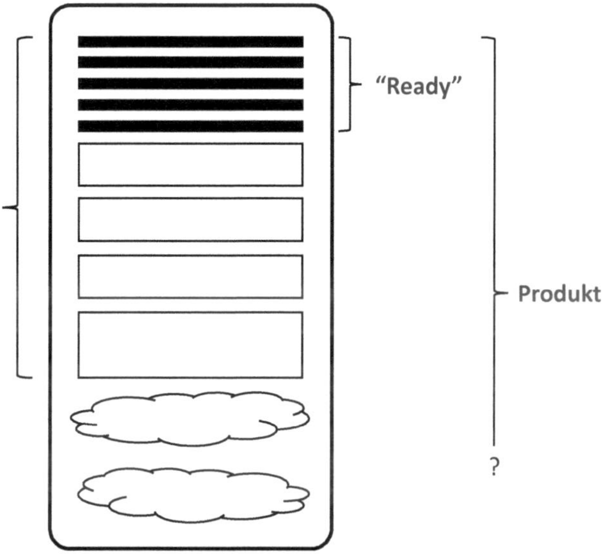

Abbildung 22: Product Backlog

Eine besondere Form von Product Backlog Items sind „Spikes": Sie sind Forschungsaufgaben, die die Machbarkeit mancher Aspekte evaluieren. So kann einem PBI mit ungewisser Lösungsidee zunächst eine kleine Grundlagenforschung vorangestellt und die eigentliche Realisierung in einen späteren Sprint verschoben werden. Eine solche Forschungsaufgabe nennt man in Scrum „Spike", sie wird ganz normal geschätzt und das Ergebnis ebenfalls im Sprint Review präsentiert.

Immer wieder gibt es in der Praxis Diskussionen, wie mit den Schätzungen von PBIs umgegangen werden soll, wenn diese nicht abgeschlossen werden können und dadurch zurück ins Product

Backlog wandern. Hier bewährt sich das Konzept, die Schätzungen von unvollständig umgesetzten PBIs nicht zu verändern. Da beim Verschieben in das Product Backlog noch nicht klar ist, wann dieses PBI wieder in einen Sprint kommt, ergibt es Sinn, die Schätzung zunächst beizubehalten. Falls Sie das PBI erst in sechs Monaten wieder anfassen, beginnen Sie mental wieder von vorne, das heißt: die ursprüngliche Schätzung passt voraussichtlich. Verwenden Sie das PBI hingegen gleich im nächsten Sprint, können die Entwickler natürlich die Schätzung in Sprint Planning oder Backlog Refinement nach unten korrigieren, um die bereits geleistete Arbeit herauszurechnen.

Praxistipp: Abgrenzung PBIs vs. Tasks

Ein paar Faustregeln für eine gute Aufteilung zwischen Product Backlog Items und Tasks:

Product Backlog Items

- enthalten das „Was",
- sind oft Anforderungen,
- sind überwiegend voneinander unabhängig und können in ihrer Reihenfolge getauscht werden und
- wenden sich an das ganze Scrum Team.

Tasks

- enthalten das „Wie",
- sind technische oder administrative Aufgaben, um das entsprechende PBI umzusetzen,
- sind oft voneinander abhängig und müssen in einer bestimmten Sequenz abgearbeitet werden und
- wenden sich oft an einzelne Entwickler oder Teilmengen des Scrum Teams.

Definition of Ready

Wann ist ein Product Backlog Item ready? Dies legt das Scrum Team in der sogenannten „Definition of Ready" (DOR) fest. Die DOR ist Arbeitsgrundlage für das Backlog Refinement und für den Product Owner, wenn er die Prioritäten im Product Backlog verändert. Denn wie bereits beschrieben, sollten die oberen Items im Product Backlog stets den Zustand ready haben und folglich der DOR entsprechen.

Eine minimale DOR enthält aus meiner Sicht drei Kriterien:

- Das Backlog Item ist von allen verstanden,
- seine Größe ist geschätzt und
- es ist nicht größer als xy (sodass mehrere Items in einen Sprint passen).

Weitere Kriterien kann das Scrum Team, je nach Bedarf, Produkt und Organisation, hinzufügen. Es ist wichtig, die DOR so präzise zu gestalten, dass die Entwickler mit den Items arbeiten können. Die Qualitätskriterien für die PBIs dürfen jedoch nicht so hoch angesetzt sein, dass aus dem agilen Ansatz wieder eine phasengetriebene Entwicklung mit langer Analysephase wird. Die DOR kann vom Scrum Team, gemäß den gemachten Erfahrungen, in der Sprint Retrospective angepasst werden. Sie besteht idealerweise nur aus wenigen Stichworten oder Halbsätzen und wird für alle Beteiligten sicht- und zugreifbar dokumentiert. Im einfachsten Fall befindet sich die DOR auf einem Flipchart im Teamraum oder ist im gemeinsamen Team-WIKI auf einem Server abgespeichert.

Relative Schätzungen

Der agile Ansatz, Aufgaben oder Anforderungen nicht mehr in Zeiteinheiten zu schätzen, ist einer der am meist diskutierten Punkte in agilen Trainings, weil er unseren sozialisierten Meinungen und Methoden stark widerspricht. Historisch kommt die Abkehr von Personenstunden und -tagen aber nicht aus der agilen Welt, sondern beruht auf einem Forschungsauftrag des US-Verteidigungsministeriums. Dieses hatte in den 1940ern den Think Tank „Rand Corporation“ beauftragt herauszufinden, wie in Projekten am besten geschätzt werden kann. Die drei Kernaussagen waren:

- Schätzungen in Zeiteinheiten sind sehr fehlerbehaftet.
- Menschen können relative Größen leichter schätzen als absolute.
- Experten sollten unabhängig voneinander schätzen, um den aus der Psychologie bekannten Ankereffekt zu vermeiden.

Doch in welcher Einheit können Tätigkeiten geschätzt werden, wenn nicht in Stunden oder Tagen? Jeff Sutherland verwendet eine Reise als Analogie. Nehmen wir an, Sie möchten von Frankfurt nach Berlin kommen. Wie lange benötigen Sie dazu? Das ist nicht leicht zu beantworten, da viele Faktoren Einfluss nehmen. Die Frage nach der Entfernung zwischen Frankfurt und Berlin kann hingegen einfach beantwortet werden: Luftlinie sind es ca. 400 km. Die dafür benötigte Zeit hängt vom Verkehrsmittel und der Route ab, und wenn Sie Ihre Geschwindigkeit kennen, ist es einfach, die Zeit gut abzuschätzen. Wird in Kilometern geschätzt, muss sie nicht korrigiert werden, falls Sie fortan mit einer anderen Geschwindigkeit unterwegs sind. Ebenso sind Fortschrittsmessungen – „Wie weit ist es noch?“ – in Kilometern objektiver als in Stunden. Denn die Restzeit in Stunden anzugeben ist nur zuverlässig, wenn Sie die bisherige Geschwindigkeit beibehalten können.

Der Transfer auf das Product Backlog und das Schätzen von Aufgaben im Allgemeinen wirft die Frage auf: Was ist die absolute Größe einer Aufgabe, welche Analogie zu den Kilometern im Reisebeispiel trifft zu? Dafür gibt es keine Einheit und kein Messsystem. An dieser Stelle kommt der zweite Aspekt aus der oben genannten Studie zur Hilfe: Menschen können relative Größen besser schätzen als absolute. Damit können wir die Größe von Aufgaben relativ zueinander schätzen, ohne Dimension. Zur Umrechnung in Zeiteinheiten benötigen wir, wie im Reisebeispiel, ohnehin eine zweite Eingangsgröße: die aktuelle Geschwindigkeit.

Als Einheit für die Größe von Aufgaben werden bei agilen Schätzungen sogenannte Schätzpunkte verwendet. Dazu wird eine Referenzaufgabe mit einem Wert versehen und alle anderen Aufgaben jeweils in Relation dazu geschätzt. Ist eine Aufgabe in etwa doppelt so groß, viermal so groß oder halb so groß wie die Referenzaufgabe? Dieser Ansatz ist in der Praxis zunächst ungewohnt, geht jedoch mit etwas Übung wesentlich schneller als das Schätzen in Zeiteinheiten.

Um auf der Zeitachse Aussagen machen zu können, benötigen Sie die Geschwindigkeit des Scrum Teams, gemessen in Schätzpunkten pro Sprint. Mit Größe und Geschwindigkeit zu arbeiten mag auf den ersten Blick, gegenüber Schätzungen in Zeitformaten, etwas kompliziert erscheinen. Doch auch bei Zeitschätzungen muss die verfügbare Kapazität bestimmt werden, um den Umfang eines Sprints festlegen zu können. Dies ist ebenso fehlerbehaftet wie eine Geschwindigkeitsprognose beim Auto: Mit dem Grundrauschen von Besprechungen, Trainings, Urlaub und so weiter im Hinterkopf müssen Sie ermitteln, wie lange beispielsweise eine auf acht Stunden geschätzte Aufgabe tatsächlich auf der Zeitachse benötigt.

Der Aufwand, der zur Ermittlung dieser Kapazität nötig ist, steht in der Praxis in keinem Verhältnis zur erreichbaren Genauigkeit. Eine auf Schätzpunkten basierende Geschwindigkeit hingegen muss nicht aufwändig kalkuliert werden. Sie wird empirisch ermittelt und ist dadurch deutlich schneller und präziser abzuschätzen.

Neben einem schnelleren Schätzvorgang und genaueren Schätzungen haben Schätzungen der Größe den wesentlichen Vorteil, sehr stabil zu sein, da sie von der erzielbaren Geschwindigkeit unabhängig sind. Damit sind sie unabhängig von Personen, die Aufgaben bearbeiten, unabhängig von den Qualitätskriterien, die an alle Aufgaben gestellt werden und unabhängig von Erfahrungen und

Lernkurven der Beteiligten. Schätzungen in Zeiteinheiten hingegen müssten bei jeder Veränderung der Rahmenbedingungen angepasst werden: Mehr Erfahrung in der Technologie – alle Schätzungen im Backlog würden nach unten korrigiert. Mehr Testabdeckung für alle PBIs – alle Schätzungen im Backlog würden nach oben korrigiert.

Zum Schluss der Betrachtung absoluter und relativer Schätzungen möchte ich noch einen psychologischen Aspekt einbringen: Wer in Stunden schätzt, sieht sich bei der Ausführung der Aufgaben immer überwacht, ob von anderen oder von sich selbst. Sollte die reale Ausführung weit von der Schätzung abweichen, bietet dies immer Anhaltspunkte für persönliche Kritik. Ein Effekt, der bei Schätzungen mit relativen Größen nicht auftritt, da die Schätzung bewusst von der Zeitachse entkoppelt wird.

Praxistipp: Eine Anekdote zum Thema Schätzen

Zeiteinheiten beim Schätzen loszulassen, ist nicht ganz einfach und für viele schwer zu verdauen. Vielleicht hilft es Ihnen, wenn ich hier eine kleine Geschichte erzähle, die ich erlebt habe:

Ein von mir betreutes Scrum Team hat sich beim Start mit Scrum dazu entschlossen, in Stunden zu schätzen, nicht in Punkten. Das ist in Ordnung, es ist die Entscheidung des Teams. So begab sich der Scrum Master im ersten Sprint Planning an das Whiteboard, um die Kapazität der Entwickler zu ermitteln. Alle Entwickler surften in ihren Kalendern umher und jeder teilte dann eine Stundenanzahl mit, die er im nächsten Sprint beitragen könne. Der Scrum Master notierte alles und addierte: 168 Stunden. Also zogen die Entwickler Product Backlog Items für knappe 168 Stunden aus dem Product Backlog in das Sprint Backlog. Die Arbeit begann. Im Sprint Review kam dann die Erkenntnis: Ungefähr zwei Drittel des Sprint Backlogs waren abgearbeitet, ein Gegenwert von 110 geschätzten Stunden. Kein Problem, für den allerersten Sprint ist das normal.

Im nächsten Sprint Planning begann die Prozedur erneut. Die berechnete Kapazität diesmal: 174 Stunden. Das Ergebnis beim Review: 108 geschätzte Stunden abgearbeitet. Im dritten Sprint Planning mischte ich mich in die Diskussion ein. Bevor der Scrum Master seine Aufstellung notieren konnte, rief ich „110 Stunden“ in die Runde. Das Team war entsetzt. Sie hatten nämlich 170 Stunden berechnet. Eine erhebliche Differenz zwischen der genauen Berechnung und meiner Bauchschätzung. Der Sprint endete dann mit 112 erledigten Schätzstunden. Das Team konnte offensichtlich recht zuverlässig ungefähr 110 der geschätzten Stunden liefern. Dass das nicht zu der berechneten Kapazität passt, kann an Schätzfehlern auf den Product Backlog Items liegen oder an Schätzfehlern bei der Kapazität. Um das herauszufinden, müssten alle Arbeitszeiten genau mitprotokolliert werden.

Sie erkennen das System? Meine Schätzung mit 110 Stunden war jedes Mal sehr genau. Sie erforderte keinen Aufwand, denn sie basierte auf empirischen Daten der letzten Sprints. Nur: Mit Stunden hatte das alles schon lange nichts mehr zu tun. Auf den PBIs waren Zahlen der Schätzungen und wir konnten leicht ermitteln, was ein für das Team realistischer Arbeitsumfang war. Eigentlich war es schon lange eine Schätzung in Punkten, mit Messung der Velocity. Das Festhalten an Stunden und der Kapazitätsberechnung durch das Team hat viel Arbeit verursacht und die Schätzqualität maßgeblich verschlechtert.

Schätzskalen

Egal, ob Sie relativ oder absolut schätzen, es gibt einen weiteren interessanten Aspekt hinsichtlich der Schätzgenauigkeit für verschieden große Product Backlog Items: Menschen können kleinere Dinge genauer schätzen als große. Um noch einmal das Reisebeispiel aus dem vorigen Abschnitt aufzunehmen: Die Dauer eines kleinen Fußmarschs von Ihnen zu Ihrem Nachbarn können Sie relativ einfach einschätzen.

Von Ihrem Zuhause zur nächsten Bankfiliale ist es vermutlich etwas weiter und die Schätzung wird entsprechend ungenauer. Spätestens bei der Frage „Wie lange dauert ein Fußmarsch von Frankfurt nach Berlin?“ werden Sie mich mit Gegenfragen konfrontieren, da die Anforderung nicht klar ist. Was ist mit Pausen und Übernachtungen? Auch wenn die Anforderungen geklärt sind, dürfte die Schätzung für diesen sehr langen Fußmarsch recht ungenau sein.

Um dieser Tatsache Rechnung zu tragen, werden zur Schätzung Skalen verwendet, die sich nach oben hin spreizen. Weit verbreitet ist die Fibonacci-Reihe, die dem natürlichen Zellwachstum entspricht. Die Fibonacci-Reihe entsteht, indem – ausgehend von den Zahlen 1 und 1 – die nächste Zahl immer aus der Summe der beiden vorhergehenden Zahlen gebildet wird. Die Reihe lautet also 1, 1, 2, 3, 5, 8, 13, 21, 34, 55, 89…

1 2 3 5 8

13 21 34 55 89

---

1 2 3 5 8 13

20 40 100

Abbildung 23: Schätzskalen

Wird diese Reihe für Schätzungen verwendet, ist es zum Beispiel nicht möglich, ein PBI auf den Wert 75 zu schätzen, da dies eine nicht vorhandene Genauigkeit vortäuschen würde. Die benachbarten Werte 55 und 89 dürfen hingegen verwendet werden und sind ebenso richtig oder falsch wie die 75. Viele Teams benützen die Fibonacci-Reihe, indem sie die Werte von 1 bis 8 als ready definieren und die Werte 13 bis 89 als grobe Schätzungen, zur späteren Verfeinerung, verwenden. Dies hat den Vorteil, dass zwei Zahlenreihen entstehen, deren Spalten jeweils ungefähr über dem Faktor 10 zusammenhängen (Abbildung 23 oben).

Neben der Fibonacci-Reihe ist eine von Mike Cohn modifizierte Fibonacci-Reihe weit verbreitet. Cohn hat die Werte über 13 mit den runden Zahlen 20, 40 und 100 ersetzt. So sind in dieser Reihe Schätzungen, die groß und ungenau sind, an der Null in der Zahl zu erkennen (Abbildung 23 unten).

Schätzmethoden

Die im Kapitel „Relative Schätzungen" erwähnte Studie der Rand Corporation fordert, dass die beteiligten Experten ihre Schätzungen unabhängig voneinander vornehmen. Darüber hinaus ist es sinnvoll, in den Schätzvorgang alle Beteiligten einzubeziehen, denn in der Praxis ist oft zu beobachten, wie Experten Schätzungen abgeben und diese, Kraft des Expertenstatus, von anderen Beteiligten unreflektiert hingenommen werden. Dadurch bleiben leider viele Meinungen unberücksichtigt, nicht nur hinsichtlich der geschätzten Zahl, sondern auch was die Klarheit der Anforderungen betrifft.

Selbst wenn sich in einem Scrum Team alle Entwickler an der Schätzung beteiligen, bleibt das von der Studie angesprochene Problem des Ankereffekts. Er liegt vor, wenn sich eine Person bei der Schätzung von etwas Unbekanntem durch kurz zuvor gelesene oder gehörte Zahlen unbewusst beeinflussen lässt und die eigene Schätzung in der Nähe der Ankerzahl positioniert. Folgerichtig ist das Optimum eine geheime Schätzung durch alle Entwickler. Die bekannteste Schätzmethode, die dies erfüllt, ist das sogenannte „Planning Poker".

Planning Poker

Planning-Poker-Karten bestehen aus einer der oben genannten Zahlenreihen. Die meisten am Markt erhältlichen Kartensätze verwenden die von Mike Cohn modifizierte Fibonacci-Reihe (Cohn, 2005). Bei einer solchen Schätzung stellt der Product Owner ein PBI vor. Jeder Entwickler überlegt still für sich eine Schätzgröße und wählt die entsprechende Pokerkarte aus. Alle Teilnehmer legen die ausgewählten Karten verdeckt vor sich hin, um Ankereffekte zu vermeiden. Danach werden die Karten aufgedeckt, der größte und der kleinste Schätzwert gesucht, und die entsprechenden Teilnehmer erläutern ihren Schätzwert. Die Differenzen hierbei entstehen in der Regel durch ein unterschiedliches Verständnis der Anforderungen oder Lösungsideen. Während sich die Teilnehmer anschließend mit den Schätzergebnissen auseinandersetzen, steht der Product Owner bereit, um Fragen zu den Anforderungen zu beantworten. Danach gibt es eine neue Schätzrunde. Treten in dieser Runde wieder große Abweichungen auf, müssen sich die Entwickler auf einen Schätzwert einigen. Dabei stellen benachbarte Zahlen in der Zahlenreihe kein Problem dar, da sie, wegen der einer Schätzung innewohnenden Ungenauigkeit, als identisch zu betrachten sind.

Mehr als zwei Pokerrunden für ein PBI durchzuführen kostet sehr viel Zeit, andererseits sollte auch kein Teilnehmer von der Mehrheit überstimmt werden. Es erfordert also etwas Übung, um aus den Diskussionen heraus schnell zu einem Schätzwert zu kommen, hinter dem alle Entwickler stehen. Meiner Erfahrung nach ist dabei die größte Hürde, das Beharren auf den eigenen Standpunkt aufzugeben, um ein für das Team sinnvolles Schätzergebnis hinsichtlich Genauigkeit und Schätzgeschwindigkeit zu erzielen.

Für mich ist Planning Poker in erster Linie ein Instrument zum Aufdecken unklarer oder unverstandener Anforderungen, das als Nebenprodukt einen Schätzwert liefert. Die Qualität der Ergebnisse beim Planning Poker ist sehr hoch, das Verfahren jedoch aufwändig, weshalb es oft nur im Product Backlog Refinement für einzelne PBIs angewendet wird.

Magic Estimation

Soll ein Product Backlog initial geschätzt werden, müssen andere Verfahren eingesetzt werden, da Planning Poker für diesen Einsatzzweck zu zeitraubend ist. Eine Methode, um viele PBIs mit vielen Leuten schnell grob zu schätzen, ist beispielsweise die sogenannte „Magic Estimation“, die in leicht unterschiedlichen Ausprägungen angewendet wird. Eine mögliche Vorgehensweise stelle ich im Folgenden vor.

Die zu schätzenden und den Entwicklern bekannten PBIs werden als Karteikarten oder Ausdrucke gleichmäßig an alle Teammitglieder verteilt. Auf einem langen Tisch oder auf dem Boden wird eine Achse definiert, auf der die Items nach ihrer Größe positioniert werden. Nun beginnen die Teilnehmer, reihum ihre Karten hinzulegen, wobei bereits liegende Karten bewegt werden dürfen, um die eigene Karte dazwischen zu legen. Die Reihenfolge der bereits liegenden Karten darf jedoch noch nicht verändert werden. Sind alle Karten positioniert, beginnt die zweite Runde. Jeder Teilnehmer kann nochmals Karten verschieben, die seiner Meinung nach an der falschen Position liegen. Scrum Master, Product Owner oder der agierende Teilnehmer markieren mit einem Stift jene Karten, die bewegt werden, indem sie pro Bewegung einen Punkt oder Strich auf der Karte anbringen.

Nach der zweiten Runde werden die Karten mit den meisten Markierungen, also den meisten Bewegungen, von den Entwicklern diskutiert und bei Bedarf noch einmal neu positioniert. Im Gegensatz zum Planning Poker beschränkt sich die Diskussion also auf einige wenige auffällige PBIs, der Großteil bleibt ohne weitere Erörterung auf seiner Position. Magic Estimation ist daher deutlich schneller als Planning Poker, kann aber nie an dessen Qualität in der Anforderungsklärung und Schätzgenauigkeit herankommen. Bis zu diesem Zeitpunkt sind die Karten lediglich in ihrer Größe sortiert, ohne eine konkrete Zuweisung von Schätzwerten. Im letzten Schritt legen die Entwickler eine Skala mit der für die Schätzung verwendeten Zahlenreihe neben die ausgelegten Karten. Oft werden hierzu Planning-Poker-Karten verwendet. Beim Anlegen der Skala können mehrere PBIs gruppiert werden, falls sie denselben Schätzwert erhalten sollen.

Tipps und Tricks zu Schätzmethoden finden Sie im Internet, wo die agile Community laufend neue Ideen und Erkenntnisse veröffentlicht.

Fortschrittsmessung mit Burndown Charts

Der Einsatz sogenannter Burndown Charts ist auf Jeff Sutherlands Pilotenkarriere zurückzuführen. Der Legende nach wünschte sich sein damaliger Kollege eine „Punktlandung“ für sein Projekt, statt – wie mit allen bisherigen Projekten – über den Zieltermin hinauszuschießen.

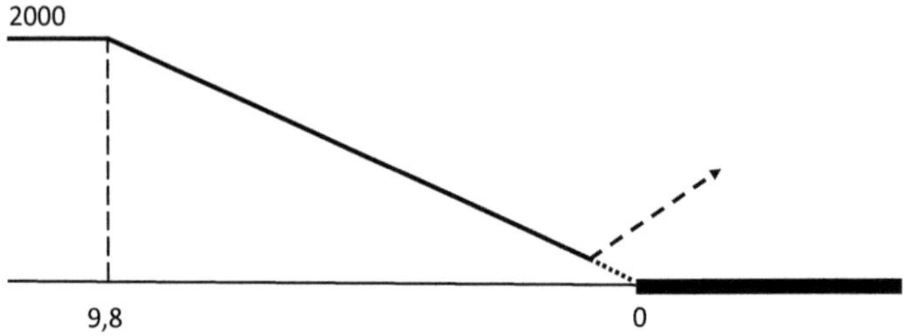

Dist.	8	7	6	5	4	3	2
Altitude	3780	3460	3150	2830	2510	2190	1870

Abbildung 24: Anflugprofil

Jeff, der ehemalige F-4-Pilot, wusste, dass eine Punktlandung mit einem präzisen Anflug entschieden wird. Ein paar Knoten zu schnell oder ein paar Fuß zu hoch und der Jet überschießt die Landebahn und verunglückt hinter der Bahn im Wald oder in der Wüste.

Als Pilot möchte ich gerne genauer auf die Historie des Burndown Charts eingehen. Ein exakter Anflug erfordert ein genaues Anflugprofil: Im Abstand von je einer nautischen Meile ist eine Soll-Flughöhe festgelegt. Dieses definierte Anflugprofil fliegt der Pilot ab, indem er Meile für Meile seine Flughöhe gegen den Sollwert prüft und kleine Korrekturen vornimmt (Abbildung 24). Dieses Konzept wurde von Sutherland auf Projekte übertragen, wobei er den verbleibenden Arbeitsvorrat als Flughöhe ansetzte und die Checkpunkte auf einer Zeitachse festlegte.

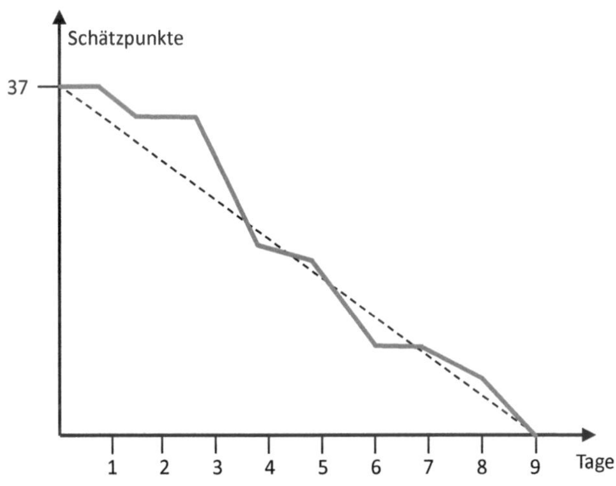

Abbildung 25: Sprint Burndown Chart

Sprint-Burndown-Diagramm

Das wichtigste Burndown-Diagramm ist das Sprint-Burndown-Diagramm. Es umfasst die Dauer eines Sprints und als Checkpunkte sind die einzelnen Tage aufgetragen. Die initiale „Flughöhe“ ist die Summe der Schätzungen der PBIs im Sprint Backlog, also die Menge der Arbeit, die abgearbeitet werden muss (Abbildung 25). Die Ideallinie entspricht einer linearen Abnahme der verbleibenden Arbeit über den Sprint hinweg. Jeden Tag wird die verbleibende Arbeit eingezeichnet und so entsteht im Verlauf des Sprints eine Linie. Angerechnet werden nur vollständig abgearbeitete Product Backlog Items.

Das Sprint Burndown Chart ist ein Werkzeug der Entwickler. Es ist kein Reporting-Werkzeug nach außen. Es dient den Entwicklern, um bei Problemen frühzeitig gegensteuern zu können oder, bei Bedarf, den Product Owner vorzuwarnen, wenn abzusehen ist, dass im Sprint nicht alle selektierten PBIs umgesetzt werden können.

Typische Verläufe

Es gibt verschiedene typische Verläufe in diesem Diagramm, die Aufschluss über Herausforderungen und Potentiale im Scrum Team geben. Eine gerade Linie ohne Abschmelzen des Arbeitsvorrats (Abbildung 26), auf gut Deutsch „Flatline“ genannt, kann verschiedene Ursachen haben: Entweder hat das Scrum Team nur ein einzelnes riesiges PBI im Sprint und am letzten Tag kommt schlagartig ein Burndown – oder auch nicht. Oder das Team hat technische und/oder personelle Probleme und kann das aktuelle PBI nicht weiter bearbeiten. Haben die Entwickler zu viele PBIs gleichzeitig bearbeitet und keines davon fertiggestellt, kann dies ebenfalls der Grund für eine Flatline sein. Eine Flatline ist demnach keine eindimensionale Diagnose, da sie verschiedene Ursachen haben kann.

Flatlines sind bei neuen Scrum Teams nicht unüblich, deshalb bietet das Burndown-Diagramm dem Scrum Team eine einfache Möglichkeit, seine Arbeitsweise zu optimieren. Insbesondere motiviert es dazu, die PBIs kleiner zu schneiden. Auf diese Weise passen mehr

Items in einen Sprint und eine tägliche Veränderung im Diagramm wird sichtbar. Nur so ist ein präziser „Anflug“ auf das Sprint-Ende möglich.

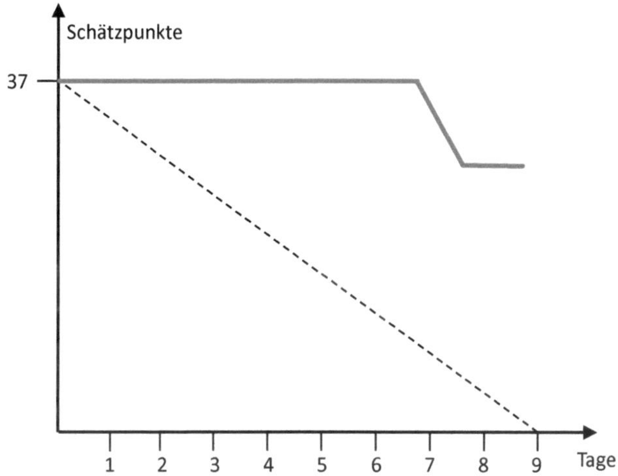

Abbildung 26: Sprint Burndown mit Flatline

Release-Burndown-Diagramm

Ein zweites wichtiges Burndown-Diagramm ist das Release-Burndown-Diagramm. Der Product Owner kann damit den Fortschritt über mehrere Sprints hinweg messen, üblicherweise bis zum nächstgeplanten Release des Produkts. Als Checkpunkte für die Flughöhe sind hier Sprints auf der horizontalen Achse aufgetragen. Die vertikale Achse zeigt die Summe der verbleibenden Schätzungen für das nächste Release (Abbildung 27).

Aus dem Bild wird ersichtlich: Bleibt das Product Backlog unverändert, entspricht der Unterschied zwischen zwei benachbarten Balken der Geschwindigkeit des Scrum Teams. Nach mindestens drei Sprints kann der Product Owner abschätzen, wann die für den Sprint vorgesehenen PBIs abgearbeitet sein werden, indem er zum Beispiel vom jeweils letzten Sprint-Balken eine Extrapolation mit bester, schlechtester und durchschnittlicher Teamgeschwindigkeit einträgt. So bekommt der Product Owner eine Einschätzung, in welchem Bereich der Fertigstellungszeitpunkt für das Release liegen wird.

Dies trägt dem Umstand Rechnung, dass eine Produktentwicklung nicht auf einen bestimmten Fertigstellungszeitpunkt hin geplant werden kann, ohne auf Qualität zu verzichten oder zeitliche Puffer einzubauen – beides sehr teure Optionen, um einen vorgegebenen Zeitpunkt einzuhalten. Im Kapitel „Technische Schulden" werde ich näher darauf eingehen, warum die Qualität bei Scrum nicht verhandelbar ist.

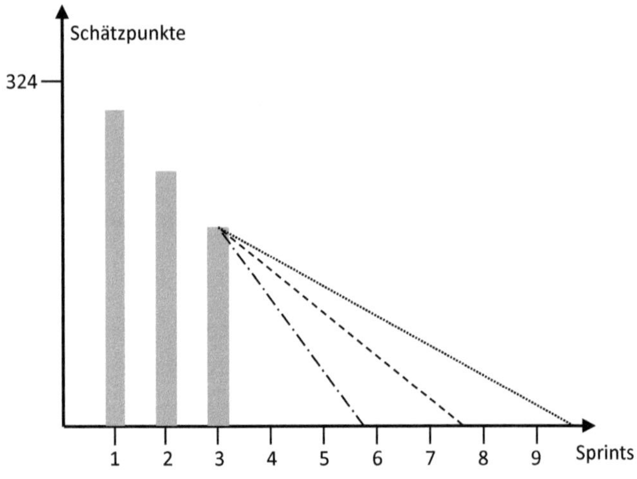

Abbildung 27: Release Burndown Chart

Der Product Owner hat also prinzipiell zwei Möglichkeiten für seine Release-Planung: Entweder er kommuniziert einen bestimmten Umfang für das kommende Release und lässt den Termin offen, oder er sagt ein bestimmtes Release-Datum zu, lässt aber den genauen Inhalt offen. Muss der Product Owner hingegen einen bestimmten

Umfang zu einem bestimmten Termin zusagen, ist die Einplanung eines Puffers in Form von zusätzlichen Sprints erforderlich. Dieser Ansatz wird von Scrum – wenn möglich – vermieden, denn Puffer sind teuer. Sie entsprechen lediglich einem Tausch von Geld gegen Sicherheit. Finden Sie nicht auch, dass dies ein gelungenes Schlusswort für diesen Abschnitt ist?

Praxistipp: Meilenstein und agile Entwicklung

Immer wieder erlebe ich Verunsicherung bei der Frage, wie Meilensteine mit agiler Planung und Messung zusammenhängen. Manche denken gar, dass sich diese beiden Themen ausschließen. Meine Meinung: Das Gegenteil ist der Fall, agile Produktentwicklung erfordert einen Meilensteinplan. Über die beschriebene Methode mit Release Burndown Charts können Sie zielgerichtet auf Ihre Meilensteine zulaufen. Dazu sollten die Meilensteine nicht weiter als drei bis sechs Monate auseinanderliegen.

Der wesentliche Unterschied im agilen Umfeld: Meilensteine sollten immer Produktzustände bzw. -inkremente beschreiben, nicht abstrakte Zustände der Papierlage wie zum Beispiel fertige Konzepte, freigegebene Anforderungen und so weiter. Ein getestetes Produktinkrement ist in der agilen Welt das einzig valide Kriterium, um den Fortschritt beurteilen zu können.

User Stories als Backlog Items

„User Stories" sind in der Software-Entwicklung ein weit verbreitetes Werkzeug, um mit Anforderungen umzugehen. Sie unterstützen das Lean-Konzept, erst so spät wie möglich Zeit und damit Geld in die Anforderungsdefinition zu stecken, um Verschwendung zu vermeiden. Eine User Story besteht zunächst aus nur einem Satz, der immer nach folgendem Muster aufgebaut ist:

Als <Rolle>
möchte ich <Ziel/Wunsch>
um <Nutzen>

Beispiel: „Als Servicetechniker möchte ich einen Bericht über die Maschinenlaufzeiten bekommen, um den aktuellen Verschleiß beurteilen zu können."

Im Gegensatz zu klassischen Anforderungen nehmen User Stories zwei wesentliche zusätzliche Elemente mit auf: Den Akteur und die Motivation für die Anforderung. Der Akteur wird entweder als definierte Rolle oder als Persona beschrieben. Dadurch können die Entwickler abschätzen, über welche Kenntnisse und Fertigkeiten der Akteur verfügt und die Implementierung besser auf ihn zuschneiden. Mehr zum Thema Persona finden Sie zum Beispiel unter de.wikipedia.org/wiki/Persona_Mensch-Computer-Interaktion.

Die Motivation für eine Anforderung ist wichtig, um von der oft anzutreffenden Formulierung einer Lösung abzulenken und den Entwicklern die Möglichkeit zu eröffnen, alternative Lösungsvorschläge zur Erreichung des Ziels zu machen. Häufig kann so der eigentliche Wunsch des Akteurs einfacher erfüllt werden, als es seine ausformulierte Anforderung erwarten lässt.

Der eingangs erwähnte leichtgewichtige Ansatz wird durch den Lebenszyklus einer User Story abgebildet. Ein solches Product Backlog Item durchläuft drei Phasen, die Sie sich mit dem Akronym CCC merken können. CCC steht dabei für

- Card (Karte)
- Conversation (Konversation)
- Confirmation (Bestätigung)

Am Anfang besteht die User Story lediglich aus einer Karte mit einem Satz, gemäß dem genannten Muster. Diese Story verursacht keine nennenswerten Kosten, ist aber noch eine sehr grobe Anforderung. In der agilen Welt bezeichnet man diese Karte als ein Versprechen für ein Gespräch in der Zukunft. Wandert nämlich die User

Story im Product Backlog weiter nach oben, wird sie im Product Backlog Refinement erörtert. Dies entspricht dem zweiten Punkt „Conversation“: Die Entwickler finden, im Dialog mit dem Product Owner, die Anforderungen heraus. Diese werden in Form von Akzeptanzkriterien auf der Rückseite der jeweiligen Karte geschrieben.

Akzeptanzkriterien dokumentieren bei einer User Story, welche Erwartungshaltung der Product Owner für dieses Item hat, beziehungsweise was er im Sprint Review sehen will, um die gewünschte Umsetzung dieses Items bestätigen zu können. Dies ist die letzte Stufe: „Confirmation“.

User Stories werden in der Regel nur dann eingesetzt, wenn Menschen mit Systemen interagieren. Manchmal ist jedoch zu beobachten, wie auch technische Anforderungen, unter leichtem Zwang, in das Format von User Stories gepresst werden: „Als Microcontroller möchte ich eine Versorgungsspannung mit einer Restwelligkeit von max. 2mV, um nicht aus dem Tritt zu kommen.“ Das würde ich persönlich nicht als User Story, sondern als klassische Anforderung ins Product Backlog stellen.

Qualität ist nicht verhandelbar

Qualität muss im Prozess entstehen, dies ist ein Kernaspekt des Toyota Produktionssystems. Qualität später „hinzuzufügen“ ist immer der kostenintensivere Weg. Auf Scrum übertragen bedeutet dies, dass jedes Increment immer in perfekter Qualität vorliegen muss, denn es darf keine „Teppichfalte“ aus offenen Tests und fehlender Dokumentation entstehen. Laut Scrum muss jedes Product Increment potentiell an den Kunden auslieferbar sein. Diese Forderung hat zwei Gründe:

- Zum einen soll der Kunde das Produkt schon früh mit der Kernfunktionalität in seinem Business einsetzen können. Somit kann er einerseits bereits Umsatz generieren oder Kosten reduzieren, und andererseits liefert ein realer Einsatz das beste Feedback für weitere Anforderungen.

- Zum anderen kann nur ein Inkrement ohne aufgeschobene Tätigkeiten ein belastbares Feedback zum Projektfortschritt liefern.

Im Zusammenhang mit dem zentralen Thema Qualität möchte ich folgendes Denkmodell vorstellen: Produktentwicklung muss versuchen, die drei Parameter Qualität, Funktionsumfang und Lieferzeitpunkt zusammenzuhalten (Abbildung 28).

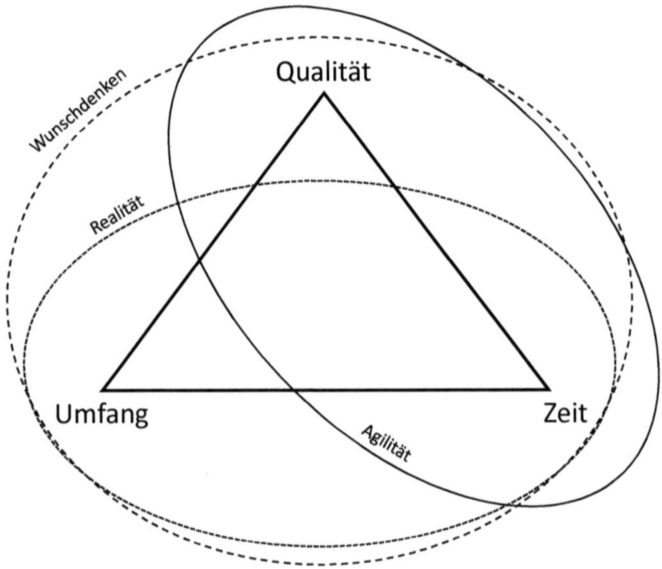

Abbildung 28: Qualität vs. Umfang und Zeit

Die Vorstellung, alle drei Parameter kompromisslos einzuhalten, ist reines Wunschdenken, wie aus meinen bisherigen Ausführungen unschwer ersichtlich ist. Produktentwicklung enthält ein großes Maß an Variabilität, auf die reagiert werden muss. Bisher wurden Umfang und Zeit oft festgeschrieben und waren nicht verhandelbar. Damit bleibt dem Entwicklungsteam nur die Möglichkeit, Unwägbarkeiten mit dem Faktor Qualität auszugleichen, wobei ich hier nicht die äußere Qualität meine, die für den Kunden spürbar ist, sondern die interne Qualität. Hier wird in der Praxis variiert, indem zum Beispiel an der Architektur vorbeigearbeitet wird oder Dokumentation eingespart, respektive auf später verschoben wird.

Diese aufgeschobenen Tätigkeiten erschweren und verteuern die spätere Wartung des Produkts. Nachgeholt oder nicht: Aufgeschobene Dinge werden in der Zukunft bezahlt, und zwar mit dem Vielfachen der aktuell notwendigen Kosten. Oder, wie es in der agilen Welt formuliert wird: Die Organisation nimmt technische Schulden auf, die in der Zukunft mit Zins und Zinseszins zurückbezahlt werden müssen.

In der agilen Welt ist Qualität nicht verhandelbar. Nur so können die Kosten über den Produktlebenszyklus hinweg minimiert werden. Also muss, um der Realität der Produktentwicklung zu begegnen, mit den Parametern „Zeit“ oder „Umfang“ variiert werden, wie ich bei der Release-Planung bereits erläutert habe. Auf der kleineren Planungskadenz, dem Sprint, legt Scrum die Zeit fest und lässt den Umfang als Variable offen.

Noch einmal: Aufgrund der in der Produktentwicklung zwangsläufig vorhandenen Variabilität ist es nicht möglich, die drei Parameter Zeit, Umfang und Qualität gleichzeitig einzuhalten. Einsparungen an der Qualität führen unweigerlich zur Erhöhung der Kosten. Scrum verwendet den Parameter „Umfang“ als Variable. Die Zeit bleibt fest, um beim Planen und Schätzen in identischen Rahmenbedingungen maximale Lerneffekte zu erzielen.

Technische Schulden

Wie vorhin erwähnt, sind aufgeschobene Architektur-Optimierungen beziehungsweise Re-Designs, aufgeschobene Dokumentation und aufgeschobene Tests wie eine Verschuldung zu werten. Die Schulden müssen mit Zins und Zinseszins zurückbezahlt werden – entweder durch erschwerte Wartbarkeit des Produkts oder durch die spätere „Aufholjagd“ an dem bis dahin komplexer gewordenen Produkt.

Das Vermeiden technischer Schulden und deren Abbau liegen in der Verantwortung des Product Owners. Die Entwickler generieren zwar die dafür notwendigen Aufgaben und Spezifikationen, Re-Designs oder sogenannte „Refactorings“, und legen diese ins Product Backlog. Der Product Owner jedoch entscheidet letztendlich durch seine Priorisierung im Backlog, wann diese abgearbeitet werden.

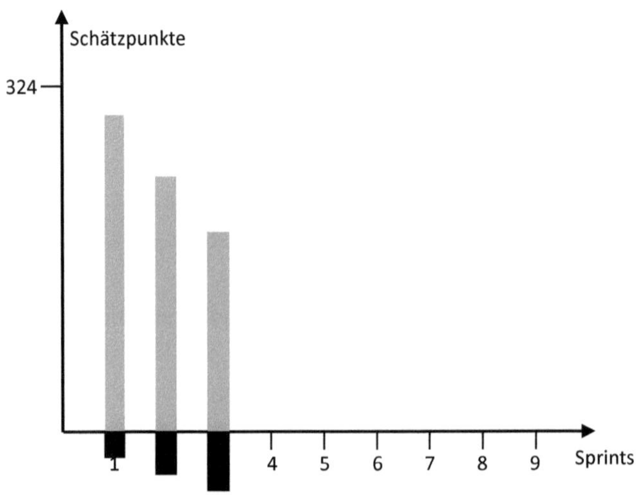

Abbildung 29: Technische Schulden im Release Burndown Chart

Technische Schulden verursachen Zinsen, denn je später ein Refactoring angegangen wird, desto teurer wird es. Wird es nicht angegangen, wird die Wartung des Produkts immer schwieriger. Insbesondere in der Softwareentwicklung ist oft zu beobachten, dass ein Produkt nach vielen Jahren komplett neu entwickelt wird, weil der aktuelle Stand nicht mehr wartbar ist.

Technische Schulden sind also zu erledigende Aufgaben, die zusätzlich zu den funktionalen Anforderungen bearbeitet werden müssen. Man kann sie in einem Sprint Burndown Chart unterhalb der Achse einzeichnen (Abbildung 29). Das bildet die Realität treffend ab, denn technische Schulden sind unsichtbar, quasi unterhalb der Oberfläche, bleiben jedoch Bestandteil der zu erledigenden Arbeit und vermehren sich kontinuierlich, auch ohne dass am Produkt weiterentwickelt wird. Da der Product Owner kaufmännisch für den kompletten Produktlebenszyklus verantwortlich ist, tut er gut daran, ständig ein Auge auf die identifizierten technischen Schulden zu haben und die Abarbeitung entsprechend zu priorisieren.

Doch nicht immer muss der Abbau technischer Schulden oberste Priorität haben. Der Product Owner kann bei Bedarf bewusst ein internes Re-Design zurückstellen, also technische Schulden aufnehmen, wenn er einen Funktionshub für einen Kundentermin oder eine Messe benötigt. Ihm sollte aber klar sein, dass ein später durchgeführtes Re-Design teurer sein wird als ein sofort eingeplantes.

Praxistipp: Zertifizierungsprüfungen

Zwei verschiedene Organisationen bieten Zertifizierungsprüfungen für alle Scrum-Verantwortlichkeiten an: die Scrum Alliance und scrum.org. Die Prüfungen finden jeweils online statt und sind für verschiedene Expertise-Stufen erhältlich.

Stand 2022: Bei scrum.org können Prüfungsteilnahmen gekauft werden, ohne dafür zwingend ein offizielles Training besuchen zu müssen. Bei der Scrum Alliance ist das Ablegen einer Prüfung hingegen an die Teilnahme an einer entsprechenden Schulung gekoppelt. Die Zertifizierungen von scrum.org gelten ein Leben lang, bei der Scrum Alliance müssen die Zertifikate alle zwei Jahre verlängert werden. Meines Erachtens gibt es beim Marktwert der Zertifizierungen keine relevanten Unterschiede. Viele Teilnehmer entscheiden sich entsprechend den verfügbaren Trainingsangeboten. Mit dem Wissen aus diesem Buch können Sie auf jeden Fall die Scrum-Master-Zertifizierung gut vorbereitet angehen. Viel Erfolg!

I do not care what you call it ... whatever the technique is called, if it‘s a good one, it comes down to two things: a commitment to respect people and a commitment to constantly improve.

Matthew May

Kanban in der Entwicklung

Kanbanboards

Historie

Die Umsetzung von Kanban in der Entwicklung wurde maßgeblich von David Anderson geprägt. Anderson hat in den Jahren 2004 und 2005 als Projektleiter bei Microsoft damit begonnen, Pull-Systeme aus der Fertigung für die Softwareentwicklung einzusetzen. Mit seinem Team war er in Wartungsprojekten eingesetzt und hatte das Problem, dass sein System „verstopft" war – nicht mit Material, sondern mit Aufgaben. Anderson kannte Goldratts Engpasstheorie, TOC, und die Drum-Buffer-Rope-Steuerung. Wie schon weiter vorne erwähnt, ist die TOC in Nordamerika weiter verbreitet als in Europa. Andersons Ansatz war, so wie den Materialfluss in der Fertigung, in seinem Microsoft-Team einen Fluss von Wartungsaufgaben

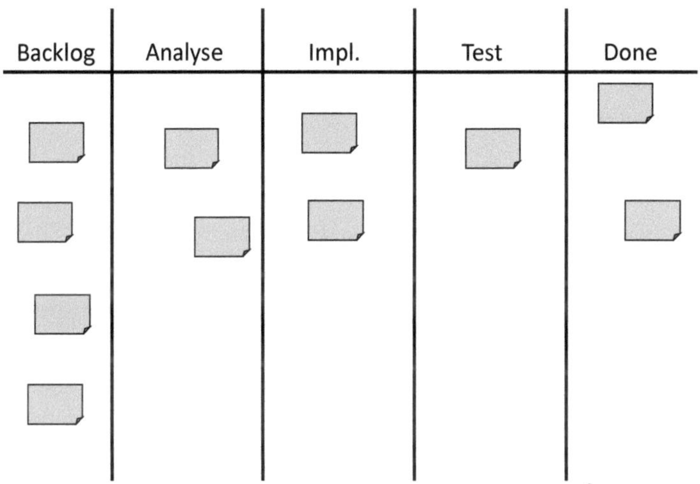

Abbildung 30: Kanbanboard (Prinzipdarstellung)

zu steuern. Der erste Schritt dazu: Aufgaben mit Haftnotizen auf einem Whiteboard visualisieren (Abbildung 30). Den Prozess für die Aufgaben hatte Anderson in verschiedenen Spalten auf dem Kanbanboard abgebildet. Die Karten sollen also von links nach rechts durch die einzelnen Prozessschritte fließen.

Anderson erzielte mit seinen Versuchen schnell erste Erfolge bei der Durchlaufzeit, denn der Einsatz von DBR reduzierte die Menge der gleichzeitig bearbeiteten Aufgaben (WIP). Allerdings war DBR im Software-Wartungsprojekt schwierig zu handhaben. Anders als in der Produktion war die „Drum", die Planung auf dem Engpass, in diesem unsteten Umfeld nicht praktikabel umzusetzen.

Auf einer Konferenz im Jahre 2006 stellte Anderson seine Experimente mit dem Whiteboard der Öffentlichkeit vor und wurde von Donald Reinertsen – Sie sehen, die Welt ist klein – darauf hingewiesen, dass sich eine Kanban-Steuerung besser für seine Zwecke eignen würde. Das Ergebnis waren Kanbanboards wie wir Sie heute kennen, mit einer Pull-Steuerung von Prozessschritt zu Prozessschritt. David Anderson konnte mit diesem Ansatz innerhalb von neun Monaten die Durchlaufzeit um 90 Prozent reduzieren (Anderson, 2011).

Aufbau

Ein Kanbanboard nach David Anderson bildet den Prozess bzw. eine Abstraktion der vorhandenen Prozessschritte in den Spalten ab (Abbildung 31). Gezogen werden die Aufgaben, auf Karten notiert, gemäß dem Kanban-System von Spalte zu Spalte. Anders als in der Produktion gibt es auf dem Board keine Transport-Container, die die Anzahl der gleichzeitigen Arbeit (WIP) limitieren. Daher wird für jeden Prozessschritt ein eigenes WIP-Limit definiert: Es dürfen sich nur so viele Karten im Prozessschritt befinden, wie in seiner Kopfzeile als Limit notiert ist. Für die Übergabe von einem Schritt in den nächsten wird ein „Kanban-Lager" definiert, indem jede Spalte in zwei Unterspalten unterteilt wird. Zettel, die in der ersten Unterspalte „Doing“ hängen, werden derzeit bearbeitet. Ist der jeweilige Prozessschritt für die Karte abgeschlossen, kommt sie in die zweite Unterspalte „Done“. Dies ist der Übergabepunkt für den nachfolgenden Prozessschritt: Von hier wird dieser die Karte ziehen, sobald er selbst Kapazität hat, er also unterhalb des WIP-Limits liegt. Aus der Abbildung ist ersichtlich, dass der letzte Schritt keine solche Unterspalten hat, denn er kann eine Karte nach Bearbeitung direkt in die „Done“-Spalte des Boards weitergeben. Verschiedene Schritte können durchaus verschiedene WIP-Limits erhalten. Wichtig ist zu wissen, dass die Limits immer für die Summe von beiden Unterspalten gelten. Auch erledigte Aufgaben zählen zum WIP einer Spalte.

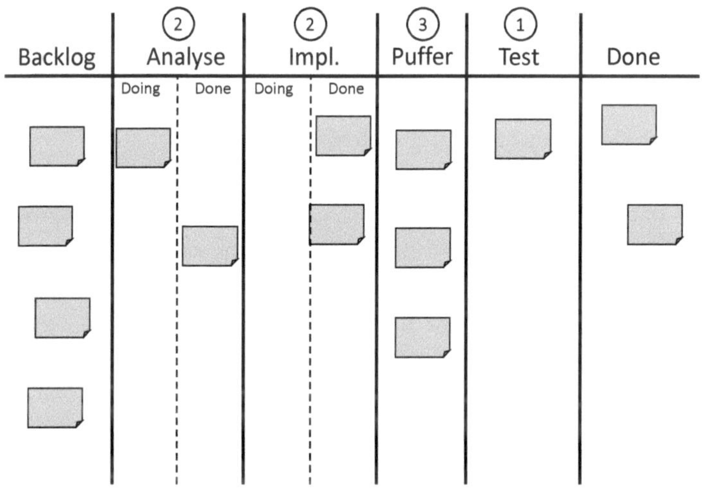

Abbildung 31: Kanbanboard mit Puffer vor dem Engpass

David Anderson hat bei der Umstellung von DBR auf Kanban das Konzept der Engpass-Pufferung von DBR beibehalten. So befindet sich auf seinem Board eine Pufferspalte vor dem angenommenen Engpass. Die Pufferspalte ist ein Parkplatz mit einem eigenen WIP-Limit, um die konstante Versorgung des Engpasses mit Aufgaben sicherzustellen. Dieses Konzept aus der Fertigung funktioniert jedoch nur in Situationen, in denen sich der Engpass halbwegs stabil an einer Stelle befindet. Dies war bei Anderson in der Wartung der Fall. In der Entwicklung tritt jedoch oft die Situation wechselnder Engpässe auf: Unter Umständen erfährt jede Aufgabe, die über das Board gezogen wird, den Engpass an einer anderen Stelle im Prozess.

Einsatz

Die Arbeitsweise mit Kanbanboards beschreibe ich hier mit einem Beispiel: Alle zu erledigenden Aufgaben kommen als Karte in die erste Spalte, das sogenannte Backlog. Diese Spalte hat noch keine WIP-Limitierung, hier wird gesammelt, was zu tun ist. Bei Bedarf können dieser Spalte weitere Zustände vorangeschaltet sein, um die Reife der eingesteuerten Aufgaben abzubilden.

Die nächste Spalte, die „ToDo“-Spalte (je nach Literatur auch „Selected Backlog“ oder „Input Queue“ genannt) dient dazu, die nächsten wichtigen Aufgaben zu definieren, indem sie vom Backlog in ToDo gezogen werden. Diese Spalte hat bereits ein WIP-Limit, Sie können dies an der Zahl im Kopf der Spalte erkennen. Hier dürfen in unserem Beispiel maximal vier Karten stehen. Es muss also jemand im Unternehmen gefunden werden, der entscheidet, welche vier Aufgaben als Nächstes anzugehen sind. Das formuliere ich bewusst so, denn das ist oft gar nicht so einfach. Dieser Entscheider oder ein Gremium legt also nun die für ihn wichtigsten vier Karten in die Spalte ToDo, beziehungsweise zieht eine Karte nach, wenn in ToDo ein Platz frei geworden ist.

Die Entwickler, die in der Spalte „Dev“ arbeiten, können sich nun maximal zwei Karten in die Spalte Dev/Doing ziehen. Die Karten, die sie abgearbeitet haben, schieben sie nach Dev/Done, also auf den Übergabepunkt. Gesetzt den Fall, die Entwickler haben eine Aufgabe abgearbeitet, sieht das Board danach aus wie in Abbildung 32 dargestellt.

Wie beschrieben bezieht sich das WIP-Limit der Spalte Dev auf beide Unterspalten. Die Entwickler dürfen in dem oben abgebildeten Beispiel also keine dritte Karte in Dev ziehen, obwohl sie eine Karte schon abgearbeitet haben. Das mag zunächst verwirrend klingen, der Kern aller Pull-Systeme mit WIP-Limitierung ist aber, dass Probleme zum Stopp des ganzen Prozesses führen können. Erinnern Sie sich an den Arbeiter bei Toyota, der bei Problemen das ganze Band stoppen darf?

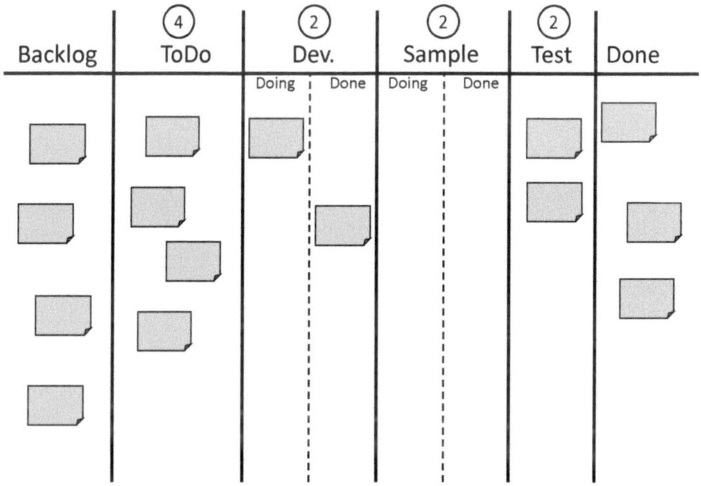

Abbildung 32: Beispiel eines Kanbanboards in der Mechanikentwicklung

In unserem Beispiel kann es also nur weitergehen, wenn das Team in der Spalte „Sample" die Karte aus Dev/Done zieht. Dies kann das Team des Musterbaus sofort machen, denn es hat bisher keine Karten und verletzt durch den Pull aus der vorgelagerten Spalte nicht sein WIP-Limit.

Wenn es an einer Stelle im Prozess zu Problemen kommt, kann ein Prozessschritt durch das WIP-Limit keine weiteren Karten vom Vorgänger abnehmen. Wenn Sie diese Methodik weiterdenken, können Sie erkennen, dass sich Probleme in Form von Blockaden vom Ort des Problems auf dem Board nach links, also stromaufwärts ausbreiten. Viele, die zum ersten Mal von diesem Konzept hören, sind verunsichert. Denn es ist offensichtlich, dass solche Blockaden auftreten können und dazu führen, dass einige Mitarbeiterinnen oder Mitarbeiter nicht weiterarbeiten können. Dies liefert die notwendige Transparenz, um ständig in kleinen Schritten die Organisation zu optimieren, denn WIP-Limits verhindern, dass Probleme umschifft statt gelöst werden. Bezüglich der Durchlaufzeit: Wenn Sie sich an meine Ausführungen über Verzögerungskosten weiter oben erinnern, wissen Sie, dass Kosten von Blockaden in der Regel kleiner sind als die Kosten, die durch hohen WIP und die dadurch auftretenden Warteschlangen entstehen.

Mehr Kanban

Art des Flusses

In den vorhergehenden Kapiteln habe ich beschrieben, dass Kanbanboards den Prozess abbilden. Dies ist nützlich, um den Engpass zu suchen, Puffer einzuplanen und den Prozess zu optimieren – so hat es David Anderson umgesetzt. Ein solches Kanbanboard bezeichne ich im Folgenden als „Prozessboard". Jedoch sind nicht alle Abläufe so linear wie Andersons Wartungsprozesse: Prozessboards gehen davon aus, dass die Prozessschritte stark sequentiell sind und der Großteil der Tätigkeiten in diesem Prozess abgebildet wird (Abbildung 33). Einzelne Requirements, Bugfixes oder Change-Requests durchlaufen die Stufen auf einem solchen Board bis zu ihrer Umsetzung bzw. Abarbeitung.

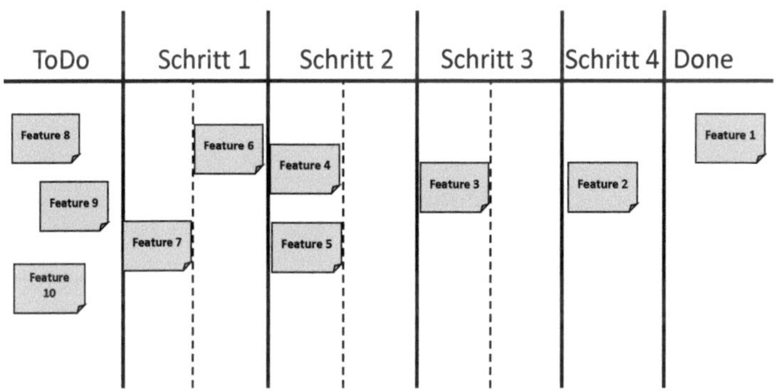

Abbildung 33: Prozessboard

Wenn Sie ein Prozessboard aufbauen möchten, müssen Sie zunächst einmal entscheiden, was durch die einzelnen Karten repräsentiert wird, also was von links nach rechts fließt. Nachdem bei einem Prozessboard die Tätigkeiten in den Spalten stehen, müssen Aspekte des Produkts als Karten über das Board fließen, also zum

Beispiel Anforderungen, Features, Baugruppen, Bauteile – was auch immer in Ihrem Kontext den Prozess durchschreitet.

In der Elektronik- und Mechanikentwicklung sind die Anforderungen oft voneinander abhängig. Die Integrationsstufen ergeben in diesen Domänen meist nur Sinn, wenn eine gewisse Anzahl fließender Elemente zusammengekommen ist. Ein One Piece Flow von Anforderungen auf einem Kanbanboard ist in der Mechanik- und Elektronikentwicklung daher schwer umzusetzen.

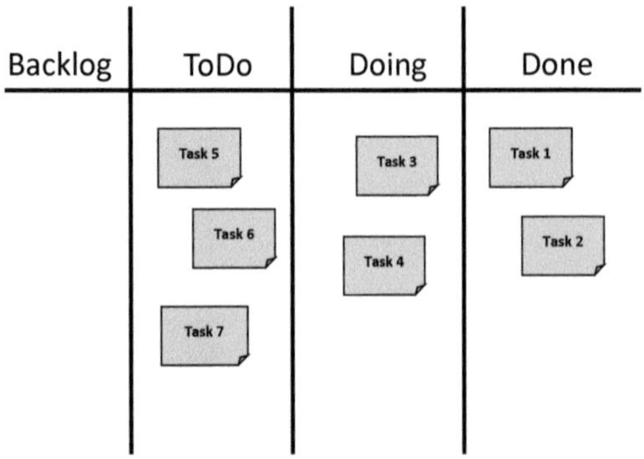

Abbildung 34: Taskboard

Um dennoch in der Praxis von den Kanban-Mechanismen profitieren zu können, wird bei komplexen Prozessen oft ein Taskboard, ähnlich einem Scrumboard, eingesetzt. Ein solches Board bildet nicht mehr den Prozess ab, sondern verwaltet Aufgaben. Das ist eine Abkehr vom eigentlichen Kanban-Prinzip. Der Prozess findet sich hier implizit in den Aufgaben wieder (Abbildung 34).

Bei Taskboards werden die Tätigkeiten auf den Karten dargestellt und nicht in den Spalten wie bei einem Prozessboard. Dadurch kann ein Taskboard flexibel für alle möglichen Arten von Tätigkeiten eingesetzt werden, es ist nicht an einen bestimmten Prozess gebunden. Im Gegenzug fehlt jedoch der Überblick über den Arbeitsfortschritt aus Prozesssicht. Ein einfaches Taskboard hat nur vier Spalten: Backlog, ToDo, Doing und Done. Sie können gerne weitere generische Schritte, wie zum Beispiel ein Review, als weitere Spalten hinzufügen, oder in der Spalte Doing einen Bereich einrichten, in dem Aufgaben abgelegt werden, die auf externe Zuarbeit warten.

Jede Ausprägung eines Boards, Prozessboard oder Taskboard, hat ihre spezifischen Vor- und Nachteile. Nur wenn der Prozess auf dem Board abgebildet ist, können Sie im eigentlichen Sinne von Kanban den Prozess optimieren. Zudem bieten Prozessboards eine gute Übersicht über den aktuellen Fertigstellungsgrad bzw. den aktuellen Burndown aus dem Backlog. Mit Prozessboards können Engpässe lokalisiert und bepuffert werden, und über die WIP-Limitierung kann ein Fluss auf dem Board erzeugt werden. Die durch die WIP-Limitierung entstehenden Blockaden zeigen Potentiale für die nächsten Verbesserungsschritte auf. Der Nachteil ist, dass Sie Aufgaben, die einem anderen Prozess folgen, hier nicht abbilden können. Für diese können Sie eine „prozessfreie" Zone einrichten, die der Doing-Spalte auf einem Taskboard entspricht.

Taskboards hingegen sind flexibel und einfach. Alle Arten von Tätigkeiten können abgebildet werden. Verschiedene Aufgabentypen können zum Beispiel mit verschiedenen Farben abgebildet werden. Allerdings gibt Ihnen ein Taskboard nur begrenzt Überblick über den Fluss im Prozess und nur mittelbar einen Eindruck über den aktuellen Abarbeitungsstand.

Praxistipp: Art des Flusses

Das Ziel ist immer, einen Fluss zu erzeugen und Engpässe und Blockaden zu erkennen. Versuchen Sie daher, wenn irgendwie möglich, Prozessboards einzusetzen. Der damit entstehende Aufwand für die Definition der Fluss-Items und deren Granularität ist wichtig, um die Arbeitsweise zu flexibilisieren und die

Grundlagen für eine agile Arbeitsweise zu legen. Den Sinn von Taskboards sehe ich vor allem dann, wenn es primär um die Optimierung von Schnittstellen und nicht von Prozessen geht. Darunter verstehe ich zum einen das Ziel, Teams vor der unkontrollierten Einsteuerung von Tasks durch eine Priorisierung und eine Begrenzung der Aufgaben zu schützen. Zum anderen kann mit Taskboards bzw. deren Backlogs die Zusammenarbeit zwischen verschiedenen Organisationseinheiten abgebildet werden, um Latenzzeiten zu minimieren und Priorisierungen transparent zu machen.

Swimlanes

Swimlanes, zu Deutsch Schwimmbahnen, sind der Gestaltung von Schwimmbädern entnommen. So wie sich jeder Schwimmer im Wettbewerb innerhalb seiner durch Markierungen abgegrenzten Bahn bewegt, können Sie Ihr Kanbanboard durch horizontale Linien unterteilen, um verschiedene Kartenflüsse voneinander zu trennen und um einen besseren Überblick zu bekommen (Abbildung 35). Ob die Swimlanes schon im Backlog beginnen oder in einer Spalte weiter rechts, hängt davon ab, zu welchem Zweck Sie die Schwimmbahnen einsetzen möchten.

Sie können Swimlanes zum Beispiel benutzen, um verschiedene Kartentypen gegeneinander abzugrenzen, oder verschiedene Auftraggeber oder verschiedene bearbeitende Sub-Teams. Die WIP-Limits eines Kanbanboards gelten über alle Swimlanes hinweg. Natürlich könnten Sie auch pro Swimlane ein eigenes WIP-Limit festlegen, doch damit haben Sie genau genommen pro Swimlane ein eigenständiges Kanbanboard geschaffen.

Was Sie mit den Swimlanes machen, ist Ihnen überlassen, es gibt keine Vorgaben in Kanban. Es hat sich aber eingebürgert, Swimlanes für die Trennung von Aufgabentypen zu verwenden. Prioritäten hingegen können Sie über andere Methoden abbilden, dazu mehr im Kapitel „Priorisierung“. Wenn es für Sie aber sinnvoll ist, Prioritäten mit Swimlanes zu modellieren, spricht nichts dagegen.

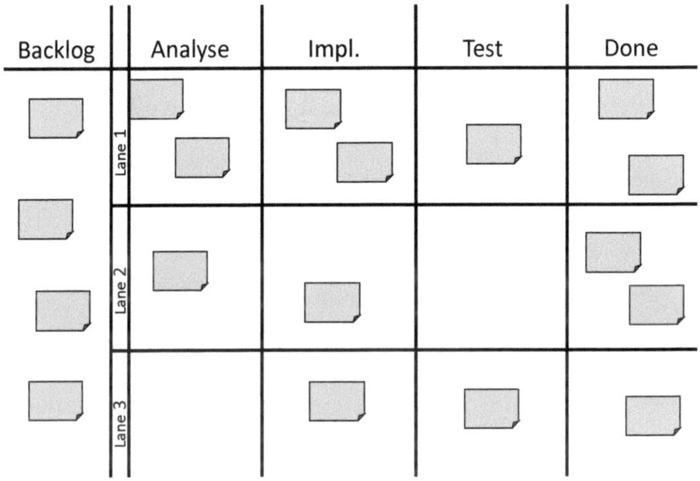

Abbildung 35: Board mit Swimlanes

Schätzungen

Als David Anderson mit seinen ersten Boards experimentierte und damit begann, seinen Prozess zu optimieren, stellte er fest, dass die Aufwandsabschätzungen für die zu erledigenden Wartungsaufgaben bis zu einen Drittel der gesamten Bearbeitungszeit verbrauchten. Gleichzeitig hatte in seinem Kontext die Schätzung nur wenig Auswirkung auf die Entscheidung des Managements, ob die Wartungsaufgabe überhaupt umgesetzt würde. Für Anderson war es daher naheliegend, ganz auf die Schätzungen zu verzichten.

Grundlegender Ansatz bei Kanban ist, anhand von Durchsatzmessungen Aussagen über die Laufzeiten zu machen und nicht jede Aufgabe zu schätzen. Oft streut jedoch die Größe der Aufgaben erheblich, so dass es sinnvoll ist, die Aufgaben in sogenannte Größenklassen einzuteilen und die Messungen der Durchlaufzeit auf diese Größenklassen zu beziehen. Um die Schätzung unabhängig vom Erfahrungsstand und damit der Geschwindigkeit der Mitarbeiter zu machen, sollten Sie für die Größenklasse nicht den zeitlichen Aufwand, sondern die Komplexität und das Risiko der Aufgabe im Vergleich zu anderen Aufgaben bewerten. Bitte werfen Sie hierzu auch einen Blick in den Abschnitt „Relative Schätzungen" im Scrum-Kapitel.

Um die Kategorien der Komplexität zu bewerten, hat es sich bewährt, amerikanische Kleidungsgrößen wie „S", „M" und „L" zu verwenden. Mit den erweiterten Größen „XS" und „XL" haben Sie dann fünf Kategorien zur Verfügung, um die Größenklasse zu beschreiben. Für das gemeinsame Verständnis ist es hier wichtig, dass Sie eine Referenz festlegen. Dies ist eine mittelgroße, übliche oder bekannte Aufgabe in der Organisation, die Sie mit „M" definieren.

Durch die Arbeit mit den Kleidungsgrößen und entsprechende Messungen bekommen Sie schnell ein Gefühl, welche Größe in etwa welche Durchlaufzeit in Ihrem Prozess hat. Wenn Sie diese transparent machen, ist dies eine wichtige Information für Ihre Stakeholder, die Aufgaben einsteuern.

Serviceklassen

Wie oben erwähnt, wird die Priorisierung von Karten üblicherweise nicht über Swimlanes abgebildet, sondern in sogenannten „Serviceklassen". Das Konzept bedient sich der Parallele zum Luftverkehr. Für einen Linienflug können Sie zwischen verschiedenen Serviceklassen wählen.

Mit Serviceklassen sind bestimmte Regeln verbunden, wie die Karten über das Board bewegt werden. Serviceklassen bilden dadurch Priorisierungen ab. Wie bei den Airlines haben sie also verschiedene Leistungsumfänge und unterschiedliche Preise.

David Anderson schlägt drei Serviceklassen vor. Sie sind in ihrer konkreten Auslegung lediglich als Beispiele zu sehen. Sie können jederzeit Serviceklassen nach eigenem Gusto definieren.

- „Standard“: Diese Karte unterliegt den WIP-Limits und wird gemäß den vereinbarten Pull-Regeln weitergezogen.
- „Beschleunigt“ (oft auch „Express“ oder „Silver Bullet“ genannt): Eine Karte dieser Klasse unterliegt nicht den WIP-Limits, sie kann sofort gezogen werden. Es darf zu einem Zeitpunkt nur eine solche Karte im System sein.
- „Fester Termin“: Diese Karte unterliegt den WIP-Limits. Der Aufwand für diese Karte wird geschätzt, oder es wird zumindest eine Größenkategorie festgelegt. Der Status wird regelmäßig überwacht. Wenn der Termin in Gefahr scheint, kann die Karte in die Klasse „Beschleunigt“ überführt werden.

Wenn Sie verschiedene Serviceklassen einsetzen, müssen Sie dafür Sorge tragen, dass die Stakeholder nicht generell Klassen mit höheren Prioritäten wie zum Beispiel. „Beschleunigt“ verwenden. Hierfür gibt es prinzipiell zwei Möglichkeiten: Die einfachste Möglichkeit ist die Kontingentierung von Serviceklassen. Dies kann zum Beispiel mit der oben genannten Limitierung auf dem Board erfolgen, oder durch folgender Regelung: „Stakeholder, die Aufgaben einsteuern, dürfen pro Monat maximal drei Karten in der Serviceklasse ‚Beschleunigt‘ erstellen.“ Die andere Möglichkeit ist, den Vergleich mit den Airlines etwas enger zu fassen: Wenn Ihre Organisation darauf vorbereitet ist, Dienstleistungen intern zu verrechnen, können Sie die Anzahl der Karten auch über den Preis regulieren. Das ist dann die elegante, aber auch aufwändigere Version für die Limitierung von Karten mit priorisierten Serviceklassen.

Regelwerke

Wie schon mehrfach erwähnt, ist Kanban lediglich ein Werkzeug und kein Framework. Die Art und Weise wie Sie mit Ihrem Kanbanboard arbeiten, müssen Sie in irgendeiner Art definieren. Dies geschieht üblicherweise in sogenannten Policies, also Regelwerken. Diese legen verschiedene Aspekte rund um Ihr Kanbanboard fest.

Die meines Erachtens wichtigste Policy sind die Pull-Regeln, auch „Next Card Policy“ oder „Pull Policy“ genannt. Dabei geht es um eine Regelung, welche Karte als nächste vom Vorgänger gezogen werden soll, falls dort mehrere Karten auf „Done“ stehen. Eine gute Standard-Pull-Regel ist: „Ziehe die älteste Karte mit der höchsten Priorität.“

Falls Sie die Karten generell geometrisch nach ihrer Wichtigkeit anordnen und die wichtigste Karte immer oben steht, wäre die Regel „ziehe immer die oberste Karte“ einfach und richtig. Diese Regel wird aber umso weicher, je weiter die Karte auf dem Kanbanboard nach rechts wandert. Vor allem bei hohen WIP-Limits, also bei vielen Karten auf dem Board, ist es mit dieser Regel schwierig, den Überblick zu behalten.

Wann eine Karte überhaupt in das „Selected Backlog“ darf, kann in einer Definition of Ready festgelegt werden. Wann die Karte in eine „Done“-Unterspalte darf, wird in einer für diese Spalte geltenden „Definition of Done“ festgehalten. Diese beiden Policies sind im Scrum-Kapitel genauer erklärt, Sie können die dort beschriebenen Grundgedanken auch auf Ihr Kanbanboard übertragen.

Eine andere wichtige Regelung ist die Idle Policy. Was sollen die Mitarbeiterinnen und Mitarbeiter machen, wenn der Fluss blockiert ist und sie nicht mehr weiterarbeiten können? Diese Policy hilft, Unsicherheit im Team und beim Management zu vermeiden. Übliche Aufgaben in der Idle Policy sind die Unterstützung der blockierten Stelle, Weiterbildung oder Infrastrukturarbeiten. Stellen Sie diese Policy unbedingt in Zusammenarbeit mit Ihrem Team auf, damit alle eine einheitliche Vorstellung von den Aufgaben haben und sie entsprechend unterstützen.

Sind Dinge im Umgang mit dem Kanbanboard unklar, scheuen Sie nicht davor zurück, weitere Policies einzuführen. Diese sollen keine

Bürokratiemonster sein, sondern sollten mit wenigen Stichworten auskommen. Gehen Sie mit Ihrer Problemstellung zum Team und erarbeiten Sie die fehlenden Policies zusammen mit jenen, die sie umsetzen müssen. Das System funktioniert nur, wenn es von allen unterstützt wird.

Arbeiten mit Kanban

WIP-Limits

Im Abschnitt über Lean in der Produktion und bei der Vorstellung der Kanbanboards bin ich schon kurz auf das Thema WIP-Limits eingegangen. Dabei habe ich mich aber auf den primären Effekt beschränkt: die Reduzierung der Durchlaufzeit. Doch WIP-Limits haben noch eine ganze Reihe weiterer positiver Auswirkungen.

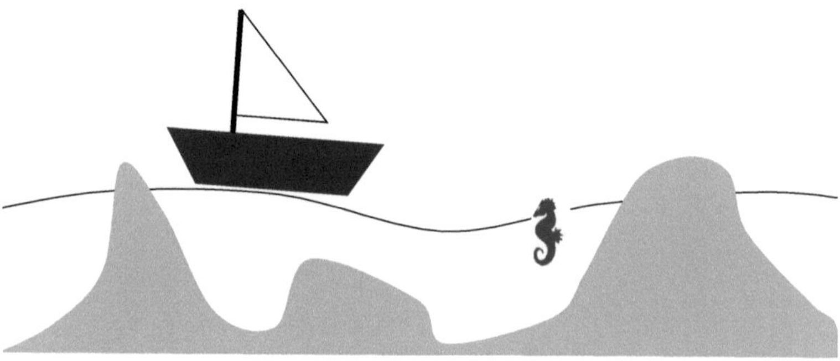

Abbildung 36: Probleme werden bei kleinem WIP sichtbar

Die Schwierigkeit bei der Umsetzung: WIP-Limits sind für viele zunächst einmal kontraintuitiv, denn die Gesamtmenge der zu erledigenden Arbeit und die dafür zur Verfügung stehenden Ressourcen bleiben ja konstant. WIP-Limits klingen dann nach „weniger arbeiten“ und die Auftraggeber haben Angst, dass ihr Anliegen nicht bearbeitet wird. In der Tat geht durch WIP-Limits die Auslastung nach unten, was gemäß der Warteschlangentheorie aber gerade bei voll ausgelasteten Organisationen die Durchlaufzeiten deutlich verkürzt. Der vermeintliche Nachteil, dass sich viele Aufgaben sichtbar im Backlog stauen (und nicht wie bisher unsichtbar im System) ist bei WIP-limitierten Systemen ein Vorteil: Aufgaben, die noch im Backlog sind, können jederzeit verändert oder umpriorisiert werden, ohne dass dies einen Einfluss auf das Entwicklungsteam hat. Die durch die Limitierung erreichten Vorteile sind also „frühes Feedback“ und „mögliche späte Änderungen“. Beides hilft, unnötige Arbeiten zu reduzieren und verringert den Aufwand für Überarbeitungen und Änderungen.

Wie aus der Beschreibung des Kanban-Prinzips klar wurde, führen WIP-Limits auch dazu, dass der Fluss der Aufgaben immer wieder stockt, dass das System „blockiert“, wenn an einem Prozessschritt Probleme auftreten. Dies klingt zunächst dramatisch. Blockaden sind jedoch ein wichtiges Mittel, um systemische Probleme im Prozess aufzudecken und die Organisation zu optimieren. Eine Blockade deckt Probleme auf, die in einer „verstopften“ Organisation oft unsichtbar sind. Ähnlich einem hohen Wasserspiegel, der gefährliche Felsen und Riffs verdeckt, verschwinden bei hohem WIP die Probleme des Systems (Abbildung 36). Ohne WIP-Limits ist es naheliegend, dass alle Beteiligten an den vorhandenen Problemen vorbeiarbeiten, anstatt sich die Zeit zu nehmen, diese nachhaltig zu beseitigen. Eine Blockade zwingt die Organisation, sich mit dem Problem zu beschäftigen. Wie ich im Produktionskapitel angeführt habe: „Eine Blockade ist das Goldnugget des Prozessverbesserers.“

Praxistipp: Einführen von WIP-Limits

Bis hierher habe ich die Auswirkungen von WIP-Limits in einem eingeschwungenen System beschrieben. Wenn Sie ein Kanbanboard neu aufsetzen, beginnen Sie am besten mit hohen WIP-Limits, sodass zunächst keine Blockaden auftreten. Kanban ohne WIP-Limits zu starten, empfehle ich nicht. Dieses Konzept sollte allen von Anfang an in Fleisch und Blut übergehen.

Warum nicht gleich mit sportlicheren Limits starten? Die Beteiligten müssen sich erst einmal mit dem Board und den Regeln, also der neuen Arbeitsweise auseinandersetzen. Blockaden schaffen am

Anfang unnötig viel Unsicherheit oder gar Frustration. Sobald sich der Mechanismus des Kanbanboards etabliert hat, beginnen Sie damit, schrittweise das WIP-Limit zu senken, bis die ersten Blockaden auftreten. Beginnen Sie dann damit, die dahinterliegenden ursächlichen Probleme zu lösen, damit wieder ein Fluss auf dem Board entsteht. Senken Sie dann vorsichtig weiter das Limit, bis neue Blockaden auftreten. Wiederholen Sie dies, um Prozess und Organisation weiter zu optimieren. Achten Sie aber parallel darauf, dass nicht so viele Blockaden entstehen, dass die Mitarbeiter frustriert sind oder der Prozess gar keine Ergebnisse liefert. Arbeiten mit Kanbanboards bedeutet, regelmäßig die WIP-Limits zu überdenken und anzupassen – nach unten, aber auch nach oben. Diese Anpassungen müssen aber strategischer Natur bleiben. Wer der Verlockung erliegt, situationsbedingt an den Limits zu schrauben, torpediert das Kanban-System.

Blockaden setzen Ressourcen frei, die dann gemäß den Vereinbarungen in der Idle Policy für Optimierungen eingesetzt werden. Entsteht darüber hinaus Leerlauf außerhalb des Prozesses, wird dies als „slack time", wörtlich „Schlaffzeit", bezeichnet. Da Motivation und Innovation in Ihrem Team wichtig sind, sollten Sie die Idle Policy nicht zu eng fassen, damit Zeit für Weiterbildung, Grundlagenforschung und Innovation bleibt. Dies tarnt sich oft als scheinbar unproduktives Gespräch in der Kaffeeküche, bringt aber die Organisation schneller voran als maximal ausgelastete Mitarbeiter.

Nicht nur das Arbeitsklima beeinflusst die Motivation der Teams, auch die geringen Durchlaufzeiten selbst haben einen wichtigen positiven Einfluss darauf. Kurze Durchlaufzeiten bieten regelmäßig Erfolgserlebnisse, immer wenn eine kleine Aufgabe erfolgreich abgeschlossen wurde. Für mich ist die Mitarbeitermotivation der am meisten unterschätzte Faktor bei der Durchsatzoptimierung. Die Motivation der Mitarbeiter kann schnell einen zweistelligen Prozentsatz bei den Durchlaufzeiten ausmachen, das ist mit Prozessänderungen oft viel schwerer zu erreichen. Die Motivation von Mitarbeitern erfordert selten große monetäre Investitionen. Dennoch gibt es noch nicht überall systematische Messungen und Verbesserungsprogramme für die Mitarbeitermotivation.

Ein weiterer, in der Entwicklung wichtiger Aspekt der WIP-Limitierung sind die Auswirkungen auf das menschliche Gehirn. Die durch WIP-Limits hervorgerufene Reduzierung von Kontextwechseln wirkt sich zweifach auf die Arbeit Ihrer Entwickler aus. Sie verringert die durch „mentale Rüstkosten" auftretenden Reibungsverluste und steigert die Qualität der Arbeit. Mehr zu den Verlusten durch Kontextwechsel beschreibe ich im Kapitel „Menschen und Teams".

Cumulative Flow Diagram

Kumulierte Flussdiagramme, englisch Cumulative Flow Diagrams (CFD), sind das wichtigste Werkzeug für die Beurteilung und Verbesserung einer Kanban-Implementierung. Der Aufbau eines CFDs ist sehr einfach. Es ist ein gestapeltes Liniendiagramm, das über die Zeit die Anzahl der Karten pro Prozessschritt visualisiert. Dabei ist der letzte Zustand („Done") der unterste Zustand im Diagramm. Ein CFD hat also auf der horizontalen Achse die Zeit, üblicherweise in Tagen, und auf der vertikalen Achse die Anzahl der Karten in einem bestimmten Zustand. Für das Kanbanboard in Abbildung 35 könnte ein CFD zum Beispiel wie in Abbildung 37 dargestellt aussehen. Die keilförmige Fläche unten im Diagramm ist der Zustand „Done" – sie wächst ständig an, da immer mehr erledigt ist.

Für einen beliebigen Tag können Sie einfach vertikal durch das Diagramm schneiden und erkennen, wie viele Karten zu diesem Zeitpunkt in jedem Prozessschritt waren, also wie hoch der WIP war. Wenn Sie hingegen von einem Übergangspunkt vom Backlog in „Analyse" nach rechts bis zur Kante des „Done"-Bereichs peilen, können Sie die Cycle Time zu diesem Zeitpunkt ablesen. Durch eine Interpretation der Kurvenformen können Sie aus diesem einfachen Diagramm sehr viele Informationen ablesen. Neben dem erwähnten WIP und der Cycle Time ebenso zum Beispiel:

- Aufgetretene Blockaden („Flatlines“)
- Überkapazitäten (Zustände mit zu kleiner Fläche)
- Probleme mit dem Pull-System (Zustände mit zu großer Fläche)
- Abarbeitung in Losen (Treppenstufen)
- Qualitätsrisiken (zu steile Flanken, Tickets unter Druck bewegt)

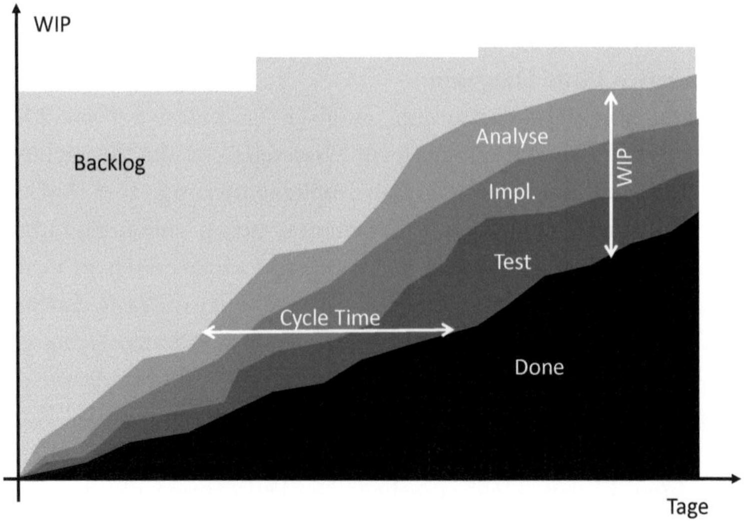

Abbildung 37: Cumulative Flow Diagram (CFD)

Kadenz

Wenn Sie Scrum kennen, wissen Sie, dass nach jedem Sprint eine neue Version des Produkts vorliegt, und der Definition nach sollte dies auch potentiell einsetzbar sein.

Kanban definiert zunächst keine Release-Zyklen oder Timeboxes, das müssen Sie als Anwender selbst tun. Kanban erzeugt zunächst einmal einen kontinuierlichen Fluss über das Kanbanboard. Da Sie aber Kanban vermutlich nicht nutzen wollen, um mit einem Wasserfallmodell zu entwickeln, müssen Sie ein regelmäßiges Intervall definieren, in dem die abgearbeiteten Aufgaben in ein potentiell einsetzbares Produkt münden. Dieser Takt wird bei flussorientierten Systemen wie Kanban nicht als „Sprint" bezeichnet, sondern etwas abstrakter als „Kadenz".

Für Kanbanboards eine Kadenz einzuführen, ist aus verschiedenen Gründen wichtig. Wenn Sie mit den Kadenzen ähnlich zu Scrum getestete Produktinkremente zur Verfügung stellen, können Sie so regelmäßig und früh wichtiges Feedback von Ihren Stakeholdern bekommen. Dies deckt Missverständnisse bei der Umsetzung der Spezifikation auf und schafft Möglichkeiten für neue Ideen und Innovationen. Kadenzen helfen also, unnötige Arbeit zu vermeiden und machen das Produkt besser als die Spezifikation es eigentlich vorsieht.

Ein anderer wichtiger Aspekt ist, dass Kadenzen verdeckt driftende Projektattribute wieder „einfangen". Dies sind zum Beispiel Schätzungen, Fortschrittsmessungen oder Qualitätsattribute.

Anders formuliert: Nach jeder Kadenz wissen Sie, woran Sie sind, und es kommt ein neuer kleiner Projektabschnitt mit einer neuen Planung. Dazu müssen Sie nicht unbedingt auch im Takt der Kadenzen Produktinkremente bauen. Ohne Produkte ist es jedoch deutlich schwieriger, den Status quo der Entwicklung belastbar festzustellen.

Gerade beim Thema Schätzungen sind viele der Meinung, dass sich die Summe der Schätzfehler, beziehungsweise der Zufall schon irgendwie gegeneinander aufheben wird. Die Realität ist aber, dass der Zufall driftet. Nehmen Sie sich die Zeit, eine ideale Münze 1000 Mal zu werfen (also zumindest in Gedanken). Addieren Sie, bei null beginnend, für jedes Wappen den Wert eins und subtrahieren Sie für jede Zahl auf der Münze den Wert eins. Sie werden feststellen, dass die aufaddierten Ergebnisse der Zufallswürfe sich nicht wie angenommen um null herum bewegen, sondern driften. Solche Münzwurfversuche sehen in etwa wie in Abbildung 38 aus.

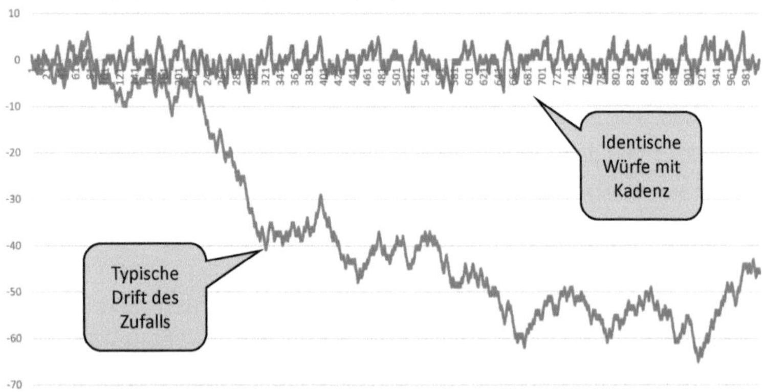

Abbildung 38: Kumulierte Münzwürfe ohne und mit Kadenz

Hintergrund: Jeder Münzwurf hat erneut eine 50:50-Wahrscheinlichkeit und kann daher nicht aktiv zur Nulllinie zurückkehren. Kadenzen unterbrechen solche Driften der Projektvariablen, weil sie mit der vergangenen Phase „abrechnen“ und eine neue Phase einleiten. Dies gilt, wie erwähnt, nicht nur für Schätzungen, sondern für alle Projektattribute. Der dargestellte Münzwurf mit einer Kadenz von 20 Würfen ist in Abbildung 38 mit der zweiten Linie dargestellt, die Drift ist sichtbar reduziert.

Wenn Sie darüber nachdenken, welche Kadenz für Ihr Kanban-System sinnvoll ist, so gilt zunächst einmal die Grundregel: je kürzer, desto besser. Oder genauer: so kurz wie möglich und wirtschaftlich sinnvoll. Denn die Definition der Kadenz muss auch wirtschaftlich sein. Sie hängt von Ihren Transaktionskosten ab, also dem Aufwand, aus den Daten und Informationen des aktuellen Entwicklungsabschnitts ein (teil-)funktionierendes Produkt zu erstellen und zu testen. Je nach Produkt, Technologie und Branche variieren diese Transaktionskosten deutlich. Lesen Sie hierzu auch den Abschnitt „Losgrößen“ im Kapitel „Produktion und Lean“.

Rollen

Kanban ist im Gegensatz zu Scrum kein Framework, lediglich ein Werkzeug. Daher definiert Kanban auch keine Rollen oder Verantwortlichkeiten, die für die Arbeit mit dem Board nützlich sind. Neben der Zuordnung von Mitarbeitern zu den einzelnen Prozessschritten auf dem Board benötigen Sie einen Verantwortlichen für das Backlog. Dieser sollte sowohl die Qualität der Inhalte sicherstellen, wie auch die Priorisierung in die Hand nehmen. Sie können hier analog zu Scrum die Rolle des Product Owners einführen oder ein Gremium bilden, das verantwortlich das Backlog füllt und priorisiert. Ich persönlich würde immer eine einzelne, koordinierende und entscheidende Person einem Gremium vorziehen. Millionen von Scrum-Umsetzungen haben gezeigt, dass dies ein sehr schlagkräftiges Setup ist. Letztendlich bleibt es aber Geschmackssache, wie dieser Verantwortung nachgekommen wird.

Neben der inhaltlichen Verantwortung sollten Sie festlegen, wer sich um die Einhaltung der Spielregeln, also Policies, kümmert und bei Blockaden aktiv die Problemlösung unterstützt. Nachdem das Entwicklungsteam den Fokus auf der Produktentwicklung hat, ergibt es meines Erachtens Sinn, diese Aufgaben analog zu Scrum in eine eigene Rolle auszulagern, die sich um das Team und Hindernisse in der Organisation kümmert. Das Vorgehen in Scrum hat sich seit 20 Jahren bewährt, also spricht nichts dagegen, sich bei diesen Erfahrungen zu bedienen und die Rolle eines „Kanban Masters“ einzuführen. Dieser kümmert sich um Prozess, Team und vor allem um die inkrementelle Verbesserung der Organisation.

First rule of scaling agile: DON‘T!
Andreas Rowell

Skalierung

Einführung

Ein Team von Teams

Unter dem Begriff „Skalierung" versteht man in diesem Kontext die Ausweitung agiler Arbeitsweisen auf mehrere Teams oder gar mehrere Produkte. Falls Sie den Kontext „ein Team, ein Produkt" von Scrum verlassen, müssen Sie sich Gedanken über die Koordination mehrerer Teams im Scrum-Modus machen. Dies beinhaltet in der Regel:

- Konzepte zur Planung einer Kadenz über Teams hinweg
- Konzepte zur Koordinierung verschiedener Backlogs
- Konzepte zur Koordinierung verschiedener Rollen
- Konzepte zur Koordinierung der Zusammenarbeit mehrerer Teams

Alle agilen Skalierungskonzepte verzichten dabei auf einen zentral gemanagten Ansatz: So wie sich die Mitglieder eines Teams selbstorganisiert abstimmen und zusammenarbeiten, soll auch die Zusammenarbeit zwischen mehreren Teams direkt – also ohne zentrale Management-Instanz – koordiniert werden. Aus einem einzelnen Team wird ein Team aus Teams – ein „Team of Teams".

Für die Skalierung von agilen Teams sind inzwischen verschiedene Frameworks und Konzepte entstanden, die eine agile Arbeitsweise über den Kontext eines einzelnen Teams hinaus versprechen. Die etablierten Frameworks haben durchaus verschiedene Organisationsgrößen im Fokus, auch wenn sich viele Elemente der Arbeitsweise der einzelnen Konzepte doch sehr ähnlich sind. Die Mechanismen von Scrum bleiben dieselben.

Die Herausforderung liegt in der Praxis weniger in der direkten Umsetzung der Skalierungskonzepte, sondern vielmehr in den vorhandenen Rahmenbedingungen bezüglich Unternehmenskultur, Skill-Sets, Organisationsstrukturen und -standorte sowie Systemarchitekturen.

Grundlagen

Basis jeder Skalierung sind funktionierende agile Teams. Auf Teamebene ändert sich, dass der dortige Product Owner nicht mehr das gesamte Produkt verantwortet, sondern nur einen Teil davon. Außerdem können die Entwickler in der Regel das Produkt zum Sprintende nicht völlig autonom bauen und testen, sondern müssen dafür mit anderen Teams zusammenarbeiten.

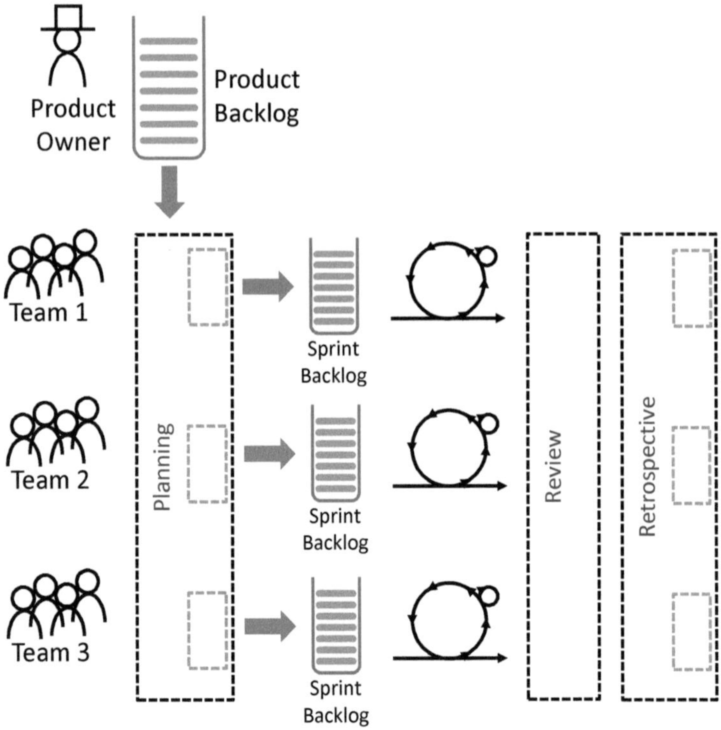

Abbildung 39: Prinzipdarstellung Skalierung

Das Product Backlog bleibt auf jeden Fall produktbezogen, es gibt also weiterhin nur ein Product Backlog, aus dem verschiedene Team

Backlogs gespeist werden. Ebenso gibt es einen obersten Product Owner, der den Überblick über das Produkt hat und die Kommunikation mit den Stakeholdern übernimmt. In der Regel erfordert Skalierung also, dass sowohl die Product Owner als auch das Backlog in einer Art Hierarchie strukturiert werden, mit verschiedenen Ebenen für Product Owner und für Backlogs. Dabei haben die verschiedenen Backlog-Ebenen auch verschiedene Granularitätsstufen, denn der Product Owner kann nicht mehr in einer für Scrum üblichen Granularität die Backlog Items für mehrere Teams verwalten.

Bei skalierter Agilität werden die Prinzipien der „Bottom-up"-Planung beibehalten. Bei der Planung von Kadenzen sind also weiterhin die Teams beteiligt. Die Planungssitzungen finden synchron statt, idealerweise mit allen Beteiligten in einem Raum, damit die Teams im Zuge der Planung auch gegenseitige Abhängigkeiten identifizieren und selbstorganisiert verwalten können. Anschließend arbeiten die Teams jeweils ihr eigenes Backlog ab, um dann am Ende mit den anderen Teams ein Product Increment zu integrieren und zu testen. Dies ist Aufgabe der Entwickler, auf keinen Fall wird ein dediziertes Integrations- und Test-Team eingesetzt.

Abbildung 39 zeigt abstrahiert die Struktur von Backlogs und Product Ownern. Parallel dazu wird in der Regel auch die Struktur der Scrum Master skaliert. Impediments, die von Scrum Mastern auf Teamebene nicht gelöst werden können, werden nach oben auf die nächsthöhere Scrum-Master-Ebene durchgereicht. Diesen Aspekt habe ich jedoch der Übersichtlichkeit zuliebe nicht in die Abbildung aufgenommen.

De-Skalierung

Die beschriebenen Konzepte gehen davon aus, dass stabile, erfahrene Scrum Teams skaliert werden. Zumindest zeigt die Erfahrung, dass Skalierung nur in diesem Fall richtig funktioniert. Die große Gefahr ist nämlich, dass bestehende Dysfunktionalitäten der Organisation über Frameworks hochskaliert werden – und das führt natürlich nicht zum gewünschten Erfolg. Agil zu werden bedeutet, dysfunktionale Aspekte aufzulösen. Wie sagt Jeff Sutherland so schön: „Crap does not scale." Höflich übersetzt: „Mist skaliert nicht." Hier eine Auswahl von Problemen, die oft skaliert statt gelöst werden:

- Contracting der Teammitglieder zum Projekt <100%
- Räumlich verteilte Entwicklung, oft über Kontinente hinweg
- Beibehaltung von Projekt- und Matrix-Strukturen
- Ungünstiger Teamzuschnitt
- Teamexterne Abhängigkeiten
- Unflexible Systemarchitekturen
- Unzureichende Test- und Build-Automatisierung
- Die Scrum Master werden nicht ernst genommen bzw. es gibt keine Änderungsbereitschaft

Alle diese Themen sollten mit einer stabilen Scrum-Implementierung in nur einem Team für dieses Team eigentlich gelöst sein. Angenommen, Sie rechnen auf Basis Ihrer Erfahrung mit konventioneller Entwicklung mit fünf Entwicklungsteams und möchten Scrum anhand eines entsprechenden Frameworks skalieren. Wenn Sie mit nur einem Team die eben genannten Dysfunktionalitäten beseitigen, wird dieses Team sehr wahrscheinlich so produktiv werden, dass Sie die anderen vier Teams für andere Aufgaben einsetzen können.

Jede zusätzliche Person im Projekt erzeugt zusätzlichen Overhead in der Kommunikation und Koordination. Ziel für Sie sollte sein, Ihr Produkt mit so wenigen Personen wie möglich zu entwickeln – nur dann ist Ihre Organisation flexibel und schnell, nur dann ist sie agil. Widerstehen Sie dem Reflex, noch mehr Entwickler im Projekt einzusetzen, wenn das Projekt zu langsam läuft. Dadurch wird das Projekt nur noch langsamer. Arbeiten Sie an den Dysfunktionalitäten, also an den Impediments, um schneller zu werden. Oft ist es sogar angebracht, die Entwicklungsmannschaft zu verkleinern, um schneller zu werden. Dieses Konzept bezeichnet man als De-Skalierung (auf Englisch „de-scaling“).

Die Annahme, dass die Entwicklungsleistung linear mit der Anzahl der beteiligten Personen wächst, ist weit verbreitet. Einen linearen Zusammenhang gibt es, wenn überhaupt, bei mechanischer Arbeit, nicht aber bei kreativer Zusammenarbeit. Ein Beispiel: 20 Personen sind nicht in der Lage, einen Stapel Spielkarten viermal schneller zu sortieren als fünf Personen. Ein interessantes Beispiel dazu ist das FBI Sentinel Projekt, ein IT-Projekt für die Verwaltung von FBI-Akten (Sutherland, 2014). Nachdem die US-Regierung mehrere hundert Millionen Dollar ausgegeben und dafür nur einen Bruchteil der gewünschten Funktionalität erhalten hatte, wurde das Projekt gestoppt und neu aufgesetzt. Das Projektteam wurde von 400 auf 45 Personen reduziert. Nach 12 Monaten war die Software fertiggestellt, zu nur zehn Prozent der geschätzten Kosten.

Vorstellung der Frameworks

In den folgenden Abschnitten stelle ich vier weit verbreitete Frameworks zur Skalierung von agilen Ansätzen vor:

- Nexus
- Large Scale Scrum (LeSS)
- Scaled Agile Framework (SAFe®)
- Scrum@Scale

Die Definitionen dieser vier Frameworks sind frei im Internet verfügbar. Deshalb verzichte ich in diesem Buch auf grafische Darstellungen zu den Frameworks und gebe stattdessen zu jedem Framework die Internetadresse mit der Definition an.

Nexus

Das Nexus-Framework von Ken Schwaber bzw. scrum.org ist das jüngste und schlankste der hier vorgestellten Frameworks zur Skalierung von Scrum. Der erste Nexus Guide ist 2015 erschienen, die aktuelle Version finden Sie unter www.scrum.org/resources/nexus-guide. Nexus hält sich eng an den Scrum Guide, dementsprechend legt es die Größe des Nexus, des Teams aus Teams, auf drei bis neun Scrum Teams fest.

Das Framework definiert die Scrum-Events auf Ebene des Nexus neu und macht Vorgaben für das Zusammenspiel zwischen Nexus- und Teamebene. Außerdem definiert es eine neue Rolle: das Nexus Integration Team.

Startpunkt ist, wie bei Scrum, ein Product Backlog, das von einem Product Owner verantwortet wird. Dieser trägt auch die Verantwortung für das Refinement des Product Backlogs, bei dem die Einträge in kleinere Einheiten zerlegt werden und die voraussichtlich umsetzenden Teams sowie die Abhängigkeiten zwischen den Arbeitspaketen identifiziert werden. Das Refinement ist im Gegensatz zu Scrum ein offizielles Event und wird vom Product Owner zusammen mit Vertretern aus den Scrum Teams durchgeführt.

Der Sprint beginnt mit einem Nexus Sprint Planning, in dem Vertreter der Teams die hoch priorisierten Einträge aus dem Product Backlog entnehmen und zu ihren Teams bringen. Im zweiten Schritt führt jedes Team ein Sprint Planning gemäß Scrum Guide durch. Dabei koordinieren sich die Teams entsprechend der zuvor oder im Sprint Planning identifizierten Abhängigkeiten. Die ausgewählten Product Backlog Items und deren Abhängigkeiten werden von den Teams im Nexus Sprint Backlog in einer Matrix visualisiert.

Nach den Sprint Plannings der Teams beginnt die Entwicklungsarbeit. Dabei wird das Produkt laufend von allen beteiligten Teams integriert, um frühzeitig Probleme erkennen zu können. Eine besondere

Bedeutung hat dabei das Nexus Integration Team (NIT) – eine eigene Rolle, die von Nexus neu eingeführt wird. Dieses Team ist für die Integration des Produkts verantwortlich, auch wenn die Integration operativ von den Scrum Teams durchgeführt wird. Das Nexus Integration Team besteht aus erfahrenen Entwicklern, die Scrum Teams zur Test- und Build-Automatisierung beraten können und gegebenenfalls auch aus System-Architekten oder anderen Personen, die als technische Koordinatoren und Berater für die Entwicklungsteams fungieren können. Die Mitglieder dieses Teams können gleichzeitig Mitglieder der entwickelnden Scrum Teams sein. In diesem Fall ist zu beachten, dass die Arbeiten im Nexus Integration Team immer Vorrang vor der Arbeit in den einzelnen Teams haben. Der Product Owner des Nexus Integration Teams ist auch der Product Owner des Produkts und trägt dafür die Verantwortung. Der Scrum Master dieses Teams ist verantwortlich für die Umsetzung des Nexus-Frameworks.

Jeden Tag findet das Nexus Daily Scrum statt, ein Abstimmungs- und Planungsmeeting mit Repräsentanten der Teams. Bei diesem Daily Scrum wird der Fortschritt des Produkts inspiziert und es werden Integrationsprobleme und neue Abhängigkeiten identifiziert. Mit den Ergebnissen des Nexus Daily Scrum startet jedes Team sein eigenes Daily Scrum auf Teamebene.

Am Ende des Sprints treffen sich alle Mitglieder aller Teams zum Nexus Sprint Review. Dieses Event ist das einzige im Nexus, bei dem nicht mit Stellvertretern gearbeitet wird – es sollten alle anwesend sein. Auf Reviews in den einzelnen Teams wird bei Nexus verzichtet, da immer das ganze Produkt im Fokus steht. Im Gegensatz dazu findet die Retrospektive wieder auf beiden Ebenen, Team und Nexus, statt. Die Retrospektiven auf Teamebene werden dabei vom Nexus eingerahmt. Es findet also zunächst eine „Nexus Sprint Retrospective“ statt, in der Teamvertreter Verbesserungspotentiale identifizieren. Mit diesen Ergebnissen führt im Anschluss jedes Scrum Team eine eigene Sprint Retrospective durch. Im dritten

Schritt tragen Teamvertreter die Ergebnisse der Teamebene in einen zweiten Teil der Nexus Sprint Retrospective. Hier beschließen die Teilnehmer, wie die gefundenen Maßnahmen visualisiert und verfolgt werden.

Nexus legt seinen Fokus auf kleinere Skalierungsumgebungen. Es kommt aus der Softwareentwicklung, wird aber genauso bei der Entwicklung mechatronischer Produkte eingesetzt. Wenn Sie Scrum beherrschen, werden Sie auch mit Nexus schnell produktiv werden können, so eng ist das Framework an die Teamarbeit mit Scrum angelehnt.

Large Scale Scrum (LeSS)

Ab 2005 entwickelte Craig Larman, einer der Mitunterzeichner des agilen Manifests, zusammen mit Bas Vodde ein Modell, um Scrum mit mehreren Teams umzusetzen. Die bei mehreren Kunden gesammelten Erfahrungen mündeten in jenem Modell, das heute als Large Scale Scrum bekannt ist. Die Definition des Frameworks und zusätzliche Informationen finden Sie im Internet unter less.works.

Die Kernmechanismen des LeSS-Frameworks sind dem Nexus-Ansatz sehr ähnlich bzw. ist Nexus LeSS sehr ähnlich, da LeSS ca. zehn Jahre früher entstanden ist. Beide Ansätze orientieren sich sehr deutlich an Scrum und skalieren die Verantwortlichkeiten, Events und Artefakte – daher die große Ähnlichkeit. Im Gegensatz zu Nexus liefert LeSS jedoch einen umfangreichen Überbau aus Prinzipien, Experimenten und Wegweisern. Dies bietet den Anwendern einen Informationspool, der bei der Umsetzung von LeSS unterstützt – denn Best Practices wird es auch hier nicht geben.

Prinzipien

Die Prinzipien des LeSS-Modells sind die Basis für alle Entscheidungen zur Frage, wie LeSS in einem konkreten Kontext umgesetzt werden soll. Hier die zehn Prinzipien im Überblick – mehr dazu auf der Website von LeSS:

- Large-Scale Scrum ist Scrum
- Transparenz
- Mehr durch weniger (more with less)
- Fokus auf das Gesamtprodukt
- Kundenzentriertheit
- Kontinuierliche Verbesserung
- Lean-Denken

- Systemisches Denken
- Empirische Prozesskontrolle
- Warteschlangentheorie

Framework (die Regeln)

Das Framework, das auf diesen Prinzipien aufbaut, gibt die Regeln dafür vor, wie Large-Scale Scrum ausgeführt werden soll.

Wie bei Scrum gibt es einen Product Owner, der ein Product Backlog pflegt. Die Umsetzung erfolgt durch zwei bis acht Teams, die idealerweise so cross-funktional aufgestellt sind, dass sie möglichst viele Arten von Aufgaben aus dem Product Backlog autark bearbeiten können. Scrum Master arbeiten wie bei Scrum auf Teamebene. Den Product Owner gibt es also nur einmal – teamübergreifend –, während es Scrum Master unter Umständen auf der Teamebene mehrfach gibt (ein Scrum Master kann nach LeSS ein bis drei Teams betreuen).

Die drei Artefakte Product Backlog, Sprint Backlog, Product Increment, unterscheiden sich nicht von Scrum, außer dass es das Sprint Backlog mehrfach gibt, eines für jedes Team.

Die Scrum-Events werden skaliert, indem sie jeweils auf der Ebene der Teams und auf der Ebene des Team aus Teams durchgeführt werden. Im „Sprint Planning Eins" treffen sich alle Teams oder Stellvertreter der Teams mit dem Product Owner. Dieser stellt die obersten Items im Product Backlog vor, die Stellvertreter der Teams teilen diese dann untereinander auf und besprechen auch, was wie im nächsten Sprint zwischen verschiedenen Teams koordiniert werden muss. Anschließend gehen die Stellvertreter zurück zu ihren Teams und beginnen dort das „Sprint Planning Zwei". In diesem Event planen die Teams die Details des aktuellen Sprints und koordinieren sich mit anderen Teams, zu denen es in diesem Sprint Abhängigkeiten gibt. Das Daily Scrum findet auf Teamebene statt. Ein entsprechendes Meeting über Teams hinweg ist nicht vorgeschrieben und erfolgt nach Bedarf. Für das Sprint Review treffen sich alle Teams mit dem Product Owner und gegebenenfalls mit manchen Stakeholdern. Da es um das integrierte Produkt geht, ergibt es keinen Sinn, ein Review auf Teamebene zu machen. Für die Retrospective hingegen setzt LeSS wieder auf die Zweiteilung: Zunächst führt jedes Team eine Retrospective durch, anschließend gibt es die sogenannte „Overall Retrospective", in der sich die Teamvertreter, Scrum Master, Manager und der Product Owner treffen, um Verbesserungsmaßnahmen über die Teams hinweg festzulegen.

Experimente und Wegweiser

Die Schöpfer von LeSS geben dem Anwender zusätzliche Wegweiser („Guides") an die Hand. Dabei handelt es sich um rund 100 Artikel auf der LeSS-Website mit Tipps und Anregungen für die praktische Umsetzung. Diese Wegweiser sind in folgende Themengebiete gruppiert:

- Struktur
- Management
- Technische Exzellenz
- Einführung von LeSS

Larman und Bodde verweisen darauf, dass in ihren ersten beiden Büchern zum Thema skaliertes Scrum (Larman & Vodde, 2008, 2010) eine große Anzahl von Experimenten erwähnt wird, die in verschiedenen Organisationen für die Skalierung gut funktioniert haben. Experimente sind ein wesentlicher Bestandteil von LeSS: Damit kann eine Organisation den für sie passenden Weg zur skalierten Agilität finden.

LeSS Huge

Bei Organisationen mit mehr als acht Teams würde der Product Owner im LeSS zum Engpass werden. Für solche Organisationen haben Larman und Vodde ein zweites Framework definiert, das sogenannte „LeSS Huge". Der wesentliche Unterschied ist, dass die

Anforderungen im Product Backlog sogenannten „Requirement Areas“, also Anforderungsbereichen zugeordnet werden. Dadurch entsteht ein zweistufiges Product Backlog: Das eigentliche Product Backlog und mehrere Area Product Backlogs, die von entsprechenden Area Product Ownern (APO) verwaltet werden. Jede Area ist im Kern eine LeSS-Implementierung mit vier bis acht Teams. Auch bei LeSS Huge entsteht am Ende des Sprints ein einziges integriertes Produkt, in das die Arbeit aller Teams eingeflossen ist. Auch für LeSS Huge sind zahlreiche Wegweiser verfügbar, die den Einstieg in eine solche große Umgebung erleichtern. Die Dokumentation von LeSS Huge weist zurecht darauf hin, dass LeSS Huge nicht mit einem Big Bang eingeführt werden kann. Die Anwender sollten sich darauf einstellen, dass es Jahre braucht, bis eine so große Menschenmenge agil zusammenarbeiten kann (dies trifft im Übrigen auf alle Skalierungsframeworks zu).

Scaled Agile Framework (SAFe®)

SAFe steht für „Scaled Agile Framework“, der Kopf hinter diesem Framework ist Dean Leffingwell. Dean hat 2010 in seinem Buch „Agile Software Requirements“ verschiedene agile Konzepte, aber auch das Gedankengut von Donald Reinertsen verarbeitet und ein mögliches Vorgehensmodell für skalierte agile Entwicklung in einem großen Diagramm – einem „Big Picture“ – dargestellt. Diese übersichtliche Grafik stieß bei potentiellen Anwendern auf große Resonanz. Daraufhin entwickelte Dean mit einem kleinen Team seine Gedanken zu einem Framework für Skalierung weiter und veröffentlichte es 2011 in der Version 1.0 als „Scaled Agile Framework“. Danach hat sich das Rahmenwerk durch Feedback von Anwendern in mehreren Stufen bis zur aktuellen Version 5.1 (Ende 2022) entwickelt, die ich hier beschreibe. Die Beschreibung der aktuellen Version können Sie im Internet unter www.scaledagileframework.com abrufen.

SAFe definiert eine Arbeitsstruktur durch vier verschiedene „Konfigurationen“, die verschiedene Organisationsebenen abbilden können. Als einziges der hier aufgeführten Frameworks geht SAFe explizit auf Themen wie Multiprodukt-Umgebungen, Portfolio-Management oder Dokumentation und Compliance ein. Die Macher hinter SAFe haben Konzepte für sehr viele Aspekte in der Systementwicklung vorgeschlagen, dadurch unterscheidet sich der Umfang der Beschreibung auch deutlich von jenem der anderen Frameworks. Während der Nexus Guide ca. 15 Seiten umfasst, ist war die Definition von SAFe als Buch in der Version 4.6 mit über 850 Seiten erhältlich.

Im Folgenden beschreibe ich kurz die Kernkonzepte von SAFe mit allen vier Konfigurationen.

Essential SAFe

Die einfachste Konfiguration in SAFe umfasst die Teamebene mit mehreren Teams und die Ebene eines „Team of Teams". Die Teams müssen nicht zwangsläufig mit Scrum arbeiten, auch andere agile Arbeitsweisen sind möglich, sofern sie die vier Elemente Planung, Umsetzung, Review und Retrospective enthalten. Die Ausführung dieser vier Schritte erfolgt in zweiwöchigen Iterationen. SAFe wählt diesen Begriff, um methodenneutral zu sein, beim Einsatz von Scrum entsprechen die Iterationen Sprints. Backlog Items auf der Teamebene werden als „Stories" bezeichnet. Diese müssen so klein sein, dass sie in die zweiwöchige Iteration passen.

Jedes agile Team besteht aus den drei (alten) Scrum-Rollen: aus einem Product Owner, der die Inhalte für das jeweilige Team verwaltet, einem Scrum Master, der sich um das Team kümmert sowie für Verbesserung und Geschwindigkeit verantwortlich ist, und aus Entwicklern, welche die technische Verantwortung haben.

Die „Team of Teams"-Ebene wird in SAFe „Program" genannt. Ein Programm besteht aus einem oder mehreren Produkten, die entwickelt werden. Dementsprechend gibt es auf dieser Ebene statt eines Product Backlogs ein Program Backlog, das sogenannte „Features" beschreibt – die Funktionalitäten auf dieser Ebene. Ein Program Backlog kann auch Features für verschiedene Produkte enthalten. Die Teamebene und die Programmebene sind fest miteinander verbunden und können nicht getrennt voneinander eingesetzt werden, denn das Programm versorgt die Teams mit Arbeit. Diese Konfiguration, bestehend aus den beiden untersten Ebenen, ist somit die kleinste der vier möglichen SAFe-Konfigurationen.

Mit der Skalierung des Scrum Product Backlogs zum Program Backlog führt SAFe auch eine skalierte Kadenz ein: Über die zweiwöchigen Iterationen legt SAFe ein zweites Intervall, das sogenannte „Program Increment", kurz „PI". Der Takt der PIs kann von der

Organisation im Bereich von acht bis zwölf Wochen festgelegt werden, das entspricht somit vier bis sechs Iterationen. Ein PI ist lediglich ein Planungszeitraum. Im Gegensatz zu einem Scrum Sprint ist bei einem PI am Ende nicht zwangsläufig ein Product Increment verfügbar, das wäre bei einer Kadenz von zwei bis drei Monaten zu unflexibel. Releases – also getestete Produktinkremente – werden bei Bedarf erzeugt. Der Slogan dazu lautet: „Develop on Cadence – Release on Demand". Gemäß der längeren Kadenz eines PI haben Features (die Backlog Items im Program Backlog) auch eine andere Größe. Sie können über Iterationen hinweg gehen, müssen jedoch immer noch so klein sein, dass sie in ein PI passen. Features und Stories stehen damit in einem hierarchischen Verhältnis, ein Feature zerfällt in 1-n Stories.

Das Team aus Teams, das für ein Programm arbeitet, wird als „Agile Release Train" (ART) bezeichnet. Ein ART sollte aus nicht mehr als 150 Personen bestehen. Dies ist in etwa die maximale Größe einer Gruppe, bei der die Mitglieder einander kennen, miteinander arbeiten und einander vertrauen können.

Die agilen Team-Rollen mit den Zuständigkeiten Inhalt, Prozess und Technik skalieren auf Programmebene zu folgenden Rollen:

- Der Scrum Master auf dieser Ebene ist der „Release Train Engineer", kurz RTE. Er kümmert sich um den Prozess und um die Beseitigung von Impediments auf dieser Ebene.
- Da im Program Backlog mehrere Produkte vorhanden sein können, gibt es auf dieser Ebene keinen Product Owner mehr, sondern die Rolle des „Product Managements", die auch durch ein kleines Gremium besetzt werden kann.
- Die technische Expertise der Entwickler skaliert auf der Programmebene zu einer Gruppe von System-Architekten oder System Engineers, die für alle Teams die technischen Leitplanken vorgeben.

Planungskonzept

Was SAFe ausmacht, ist der Planungsprozess, basierend auf der Essential-Konfiguration, dem sogenannte PI Planning. Dies ist eine meist zweitägige Planungssitzung mit allen Beteiligten, was in der Praxis durchaus bedeuten kann, dass sich 150 bis 200 Personen in einem Raum treffen. In diesem Meeting werden die Inhalte für das kommende PI geplant, Abhängigkeiten zwischen den Teams sowie Planungsrisiken identifiziert.

Der erste Vormittag des PI-Plannings gehört den Führungskräften und Architekten. Durch Vorträge zu Markt, Produkt, Vision und Architektur wird ein gemeinsames Verständnis für die aktuelle Situation geschaffen und die technischen Rahmenbedingungen für die nächsten Monate werden abgesteckt. Ebenso werden die Top-10-Features im Program Backlog noch einmal allen Anwesenden vorgestellt.

Danach beginnt der Kern des PI-Plannings, das erste Team-Breakout. Die Teams ziehen sich selbstorganisiert Feature für Feature aus dem Program Backlog, brechen diese in einzelne Stories herunter und identifizieren und managen Abhängigkeiten zwischen den Teams. Da die anderen Teams nur wenige Schritte entfernt sind, ist das eine einfache Übung. So entstehen aus der Abstimmung weitere Stories, die jedes Team zu seinen vorhandenen Stories einplant und an seinem Teamtisch physisch als Karten auf die kommenden Iterationen verteilt. Dies ersetzt nicht die Planung der Iterationen im Zwei-Wochen-Takt, es ist lediglich eine Vorschau über das mögliche Arbeitspensum und die aktuellen Abhängigkeiten im PI. Beim Management der Abhängigkeiten vererbt sich die Priorität der Features auf jene der abgeleiteten Stories. Es gibt also keine Konflikte in der Frage, für welches Feature ein Team anderen Teams zuerst zuarbeiten sollte. Wenn eine Abhängigkeit identifiziert wird, werden von den voneinander abhängigen Backlog Items Kopien erstellt und am sogenannten Program Board angebracht. Auf diesem Board sind alle Teams und Iterationen dargestellt, die Abhängigkeiten selbst werden durch einen Wollfaden zwischen den Items visualisiert. Das unterstützt den Planungsprozess und hilft beim Management der Abhängigkeiten während des PI. Außerdem können durch diese Visualisierung ungünstige Teamzuschnitte erkannt und gegebenenfalls angepasst werden.

Bei diesem Planungsprozess werden nur 50 bis 70 Prozent der Team Velocities verplant, denn im Program Backlog stehen nur die aktuell bekannten Themen. Es sollte also ein Freiraum für jene Themen gelassen werden, die während eines PIs auftauchen.

Nach dem ersten Team-Breakout wird der nun vorhandene Planentwurf von allen im Raum durchgesprochen, um ein allgemeines Verständnis zu gewinnen. Die Stakeholder im Raum erkennen dabei möglicherweise eine Abweichung von ihren eigenen Vorstellungen – wie bei allen agilen Ansätzen müssen sie die natürliche Geschwindigkeit der Organisation akzeptieren. Daraus können aber neue Gedanken zur Priorisierung und zum Zuschnitt der Features entstehen, die am Abend des ersten Tages von den Stakeholdern diskutiert und beschlossen werden.

Am Vormittag des zweiten Tages findet das zweite Team-Breakout statt, nachdem die Managemententscheidungen vom Vorabend verkündet wurden. Mit diesen Informationen beginnen nun die Teams, die Planung des PIs zu finalisieren. Gleichzeitig identifizieren die Teams auf Karten oder Haftnotizen die Risiken hinter der Planung, zum Beispiel: fehlende Zulieferungen, Ausfall von Experten, unklare Anforderungen, zweifelhafte technische Machbarkeit.

Nach einem gemeinsamen Review des finalen Plans werden die Risiken im Plenum diskutiert und kategorisiert. Durch diesen Austausch erlangen alle Beteiligten ein gemeinsames Verständnis über die Planung und die Risiken für das PI. Bei einem sogenannten Confidence Vote signalisiert anschließend jedes Teammitglied per Handzeichen, ob es Vertrauen in den Plan hat. Dadurch wird unterstrichen, dass es wirklich ein Pull-System ist und die Teams selbst entscheiden können, was in ein PI hineinpasst und was nicht. Zum anderen sollen hier Fachexperten identifiziert werden, die eventuell übersehen wurden. Deren Meinung soll gehört werden, um den Plan notfalls noch einmal anzupassen. Dies geschieht in der Praxis jedoch sehr selten.

Weitere Konfigurationen

Die oberhalb der Essential-Konfiguration liegenden Ebenen sind optional und können unabhängig voneinander eingesetzt werden. Da der eigentliche Mechanismus von SAFe auf der Essential-Konfiguration liegt, gehe ich auf die beiden oberen Ebenen nur kurz ein. Über der Programmebene kann die Large-Solution-Ebene implementiert werden. Diese ist notwendig, wenn mehrere Release Trains an einem Produkt entwickeln, denn sie stellt Mechanismen für die Synchronisation zwischen Trains zur Verfügung. Die Items im Solution Backlog werden als „Capabilities“ bezeichnet. Eine Capability zerfällt dann in ein oder mehrere Features auf der Programmebene. Vom Zuschnitt her müssen Capabilities jedoch ebenso wie Features innerhalb eines PIs umzusetzen sein. So wie das Backlog nach oben skaliert wird, werden auch die drei agilen Rollen von der Programm- auf die Large-Solution-Ebene skaliert, sie heißen dort entsprechend Solution Management für den Inhalt, Solution Train Engineer für den Prozess und Solution Architect für die technische Sicht. Auf der Large-Solution-Ebene bietet SAFe auch Konzepte zum Umgang mit Spezifikationen und Compliance-Themen. Die Large-Solution-Konfiguration besteht aus der Essential-Konfiguration und der Large-Solution-Ebene.

Die oberste Ebene, die mit oder ohne Large-Solution-Ebene zu den beiden unteren dazugewählt werden kann, ist die Portfolio-Ebene mit dem entsprechenden Portfolio Backlog. Auf dieser Ebene werden unternehmensweite oder geschäftsbereichsweite strategische

Initiativen verwaltet, die sogenannten „Portfolio Epics". Diese können im Gegensatz zu Capabilities und Features auch mehrere PIs überspannen. Sie zerfallen dann je nach Konfiguration in Capabilities auf der Large-Solution-Ebene oder Features auf der Programmebene. Die Portfolio-Ebene kann als Portfolio-Konfiguration mit der Essential-Konfiguration kombiniert werden oder als Full-Konfiguration mit Essential und Large-Solution-.

SAFe arbeitet auf den drei oberen Ebenen jeweils mit einem Kanban-System, um Backlog Items reifen zu lassen, bis sie im Backlog landen. Durch die WIP-Limitierung wird die Anzahl der gleichzeitigen Initiativen/Capabilities/Features begrenzt. Insbesondere auf der Portfolio-Ebene ist dieses Konzept interessant, denn es etabliert ein Pull-System vom Top-Management bis zu den Entwicklern. Anders gesagt: Neue strategische Initiativen dürfen vom Management erst dann ins Portfolio Backlog gezogen werden, wenn die Teams eine andere Initiative abgeschlossen haben, also in der Organisation wieder „ein Platz frei geworden ist".

Die komplette Dokumentation zu SAFe ist auf der Website scaledagileframework.com hinter dem Big Picture zu finden, auf dem alle Icons für weitere Erklärungen angeklickt werden können.

Scrum@Scale

Scrum@Scale ist das von Scrum-Erfinder Jeff Sutherland entwickelte Framework zur Skalierung von Scrum (www.scrumatscale.com). Es unterscheidet sich von den drei bisher vorgestellten Ansätzen, da es keine festen Ebenen oder Strukturen vorgibt, sondern im Kern lediglich einen Skalierungsmechanismus für zwei Scrum Teams vorgibt, der fraktal in beliebiger Größe skaliert. Während die drei vorhin genannten Modelle in festen Ebenen und Einheiten denken, bildet sich mit Scrum@Scale eine „passgenaue" baumartige Struktur aus, in der sich auch die in Scrum festgelegte strenge Trennung von „Was" und „Wie" wiederfindet. Die Basis für Scrum@Scale ist – wenig verwunderlich – ein funktionierendes Scrum Team. Während die anderen Modelle oft mit einer Big-Bang-Einführung zum Leben erweckt werden, beginnt Scrum@Scale mit einem einzelnen Scrum Team. Erst wenn dieses gut läuft und auch das Umfeld und das Management Scrum wirklich verstanden haben, wird ein weiteres Team hinzugenommen und über die Mechanismen von Scrum@Scale koordiniert. So wächst im Laufe der Zeit eine Struktur aus reifen Scrum Teams, wobei sichergestellt ist, dass nur gut funktionierendes Scrum skaliert wird und nicht die vorhandenen Dysfunktionalitäten der Organisation ausgeweitet werden. Diese Gefahr ist bei Big-Bang-Einführungen durchaus gegeben.

Scrum-Master-Zyklus

Der sogenannte Scrum-Master-Zyklus kümmert sich um das „Wie" bei Scrum@Scale. Basis ist die Arbeit des Scrum Masters auf Teamebene. Die Koordination des „Wie" über mehre Teams hinweg erfolgt innerhalb des sogenannten „Scrum of Scrum" (SoS). Dies ist ein Scrum Team, das für die Integration der Arbeitsprodukte der koordinierten Teams verantwortlich ist. Das bedeutet jedoch nicht, dass dieses Team die Integration selbst durchführt. Das SoS ist mit den drei Scrum-Verantwortlichkeiten aus dem Scrum Guide besetzt. Neben den Scrum Mastern der koordinierten Teams sind meist weitere Personen mit notwendiger Expertise in diesem Team zu finden, wie zum Beispiel Architekten, Qualitätsmanager usw.

Das Daily Scrum des SoS dient dazu, Impediments, die eine Ebene darunter nicht gelöst werden konnten, auf dieser Ebene zu lösen. Über dem SoS kann wiederum ein Koordinierungsteam entstehen, das dieses Scrum of Scrums und weitere koordiniert. Dies wird dann als Scrum-Of-Scrum-Of-Scrums (SoSoS) bezeichnet. Dieses Team ist ebenso für die ungelösten Impediments der Ebene darunter und für die Koordination der SoS zuständig. So entsteht eine fraktale Baumstruktur, in der Impediments nach oben wandern und in der auf jeder höheren Ebene die darunterliegenden Ebenen koordiniert werden. Dadurch und durch die Veränderung der Organisation werden nach und nach auf jeder Ebene die Rahmenbedingungen optimiert.

Somit wird klar, dass an der Spitze dieser Scrum-Master-Organisation die Geschäftsleitung stehen muss. In der Tat ist die oberste Ebene das sogenannte Executive Action Team (EAT) – es ist das SoS für die gesamte Organisation. Der Vorstand oder der Geschäftsführer sind also die obersten Scrum Master der Organisation. Alle Impediments, die von den Scrum Mastern auf den Ebenen darunter nicht gelöst werden konnten, landen beim EAT – und das täglich. Damit ist der Anspruch von Scrum – insbesondere der Scrum-Master – deutlich herausgestellt: Hindernisse werden aus dem Weg geräumt und es wird ständig an der Verbesserung der Organisation gearbeitet. Konkret geht es meistens darum, den bisherigen Produktlebenszyklus und die dazugehörigen Prozesse Schritt für Schritt agiler zu machen, oder wie Jeff Sutherland es beschreibt: ein Betriebssystem zu schaffen, in dem Scrum ausgeführt werden kann.

Product-Owner-Zyklus

Scrum@Scale bringt die Trennung des „Was" und des „Wie" auch in die skalierte Organisation. Konsequenterweise entsteht bei der Einführung von Scrum@Scale parallel zur oben beschriebenen Scrum-Master-Organisation auch eine Product-Owner-Organisation, die das „Was" über verschiedene Ebenen koordiniert.

Dazu bilden die Product Owner mehrerer Scrum Teams ein sogenanntes „Meta Scrum" – ein Scrum Team, das sich um die Backlogs der zu koordinierenden Teams kümmert. Dazu führt das Meta Scrum ein eigenes Backlog, das dann in die Backlogs der darunterliegenden Teams zerfällt. Der Product Owner des Meta Scrum ist der „Chief Product Owner" (CPO). Auch diese Struktur bildet fraktal einen Baum, sodass mehrere Meta Scrums von einem darüberliegenden Meta Scrum mit einem „CCPO" koordiniert werden. An der Spitze steht dementsprechend das „Executive Meta Scrum" (EMS), das auf Ebene der Geschäftsleitung das oberste Backlog der Organisation pflegt. Dieses Backlog enthält in der Regel strategische Initiativen.

Während aus Sicht des „Wie" bei der Scrum-Master-Organisation das Scaled Daily Scrum das wesentliche Event ist, ist es beim Meta Scrum ein skaliertes Backlog Refinement. Die Product-Owner-Organisation kümmert sich demnach um die Entwicklung von Strategie und Vision, um die Priorisierung der Backlogs, um Verfeinerung und Zerlegung der Backlog Items und um die Zeit-, Budget- und Releaseplanung.

Verbindung der Zyklen

Ein wesentlicher Kontaktpunkt zwischen der Scrum-Master-Organisation und der Product-Owner-Organisation ist die Zusammenarbeit auf Teamebene. Diese Zusammenarbeit der drei Scrum-Verantwortlichkeiten ist im Scrum Guide sehr genau beschrieben. Der zweite wichtige Kontaktpunkt ist das Feedback zum Produkt. Wenn

Kunden mit Produkten arbeiten, kann die Entwicklungsorganisation eigene Annahmen überprüfen und sowohl das Produkt („Was“) als auch die Abläufe von Entwicklung, Bau, Test und Auslieferung („Wie“) ständig verbessern.

Überblick über die vier Frameworks

	Nexus	LeSS	SAFe®	S@S
Product Owner (Team)	ja	nein	ja	ja
Scrum Master (Team)	ja	ja	ja	ja
Product Backlog (Team)	nein	nein	nein	ja
Product Owner (skaliert)	PO des NIT	Product Owner	Product Mgmt.	CPO / EMS
Scrum Master (skaliert)	S/M des NIT	-	RTE	SoSM / EAT
Verant-wortung für Integ-ration	NIT	Teams	Teams	SoS

Nehmen Sie die Menschen wie sie sind,
andere gibt's nicht.
Konrad Adenauer

Menschen und Teams

Menschen

Motivation

Was treibt Menschen an, was bremst sie aus? Um dieser Frage nachzugehen, hat der US-amerikanische Autor Daniel Pink diverse wissenschaftliche Studien in seinem Bestseller „Drive – was Sie wirklich motiviert“ zusammengefasst (Pink, 2010). Die Arbeiten, die Pink gefunden hat, kommen alle zu ähnlichen Ergebnissen – die allerdings kaum in die Führungskulturen von Unternehmen eingegangen sind.

Die Quintessenz: Während bei körperlicher Arbeit eine höhere Entlohnung durchaus zu einer höheren Leistung führt, ist dies bei kreativen Arbeiten nicht unbedingt der Fall. Oftmals führt ein höheres Gehalt sogar zu weniger Leistung, vor allem wenn die Erwartungshaltungen der Mitarbeiter enttäuscht werden. Diese Effekte treten ab einem Lohnniveau auf, bei dem die Mitarbeiter nicht mehr über Geld nachdenken müssen, weil ihr finanzielles Auskommen gesichert ist. Ab diesem Punkt sind andere Anreize nötig, um Menschen zu motivieren.

Während äußere Anreize wie Geld als „extrinsische Motivation“ bezeichnet werden, wird der innere Antrieb als „intrinsische Motivation“ bezeichnet. Gemäß den Studien in Pinks Buch ist diese intrinsische Motivation der einzig funktionierende Antrieb bei kreativen Tätigkeiten. Diese Motivation besteht laut Pink aus drei Säulen: aus selbstbestimmtem Arbeiten („Autonomy“), fachlicher Weiterentwicklung („Mastery“) und dem Sinn in der Arbeit („Purpose“). Nur wenn alle drei Säulen vorhanden sind, ist intrinsische Motivation möglich (Abbildung 40).

Ein gutes Beispiel für diese drei Aspekte ist die Motivation von Open-Source-Programmierern. Nach dem vorherrschenden Managementdenken sollte es nicht logisch sein, dass gut bezahlte Softwareentwickler in ihrer Freizeit professionelle Software entwickeln, ohne einen Cent dafür zu bekommen. Wenn Sie das Engagement von Open-Source-Entwicklern in Bezug auf die drei Säulen der Motivation betrachten, ergibt dies jedoch durchaus einen Sinn. Niemand fordert von diesen Experten, ihre Freizeit auf diese Art zu gestalten. Sie handeln freiwillig und können den Umfang und die Gestaltung ihrer Arbeitszeit selbst bestimmen: Autonomy. Sie können sich zu Experten auf ihrem Gebiet weiterentwickeln und erfahren dadurch die Anerkennung der Gemeinschaft: Mastery. Der Sinn ihrer Arbeit ist für sie spürbar, Millionen von Menschen setzen ihre Software ein: Purpose. Die drei Säulen lassen sich zum Beispiel auch bei ehrenamtlichem Engagement erkennen und vermutlich auch bei der Arbeit in Ihrem Unternehmen.

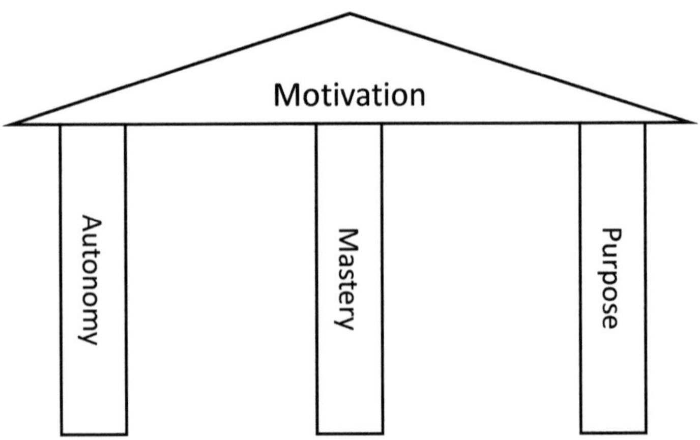

Abbildung 40: Säulen der Motivation

Wenn Sie die drei Säulen der Motivation nach Pink zum Scrum-Framework in Beziehung setzen, können Sie auch erkennen, wie Scrum die Motivation der Beteiligten fördert. Scrum setzt auf selbstbestimmtes Arbeiten der drei Scrum-Rollen und der gesamten Organisation. Die drei Scrum-Rollen agieren auf Augenhöhe, keine Rolle kann der anderen Anweisungen erteilen – das ist Autonomy. Durch zyklisches Feedback in der Sprint Retrospective und einen geschützten Raum um das Scrum Team ermöglicht Scrum eine lernende Mini-Organisation und unterstützt so Mastery im Arbeitsablauf und in der fachlichen Expertise des Einzelnen im selbstorganisierten Team. Der Sinn der Arbeit ist für Scrum Teams durch den engen Kontakt zu den Stakeholdern und durch die Produktvision deutlich greifbarer als in traditionellen Settings, in denen oft viele Ebenen zwischen Entwickler und Kunde beziehungsweise dessen Business eingezogen werden.

Spiele und Einladungen

Eine andere Sicht auf Motivation und Antrieb liefert Jane McGonigal in ihrem Buch „Besser als die Wirklichkeit" (McGonigal, 2012), im Original „Reality is Broken". Sie ist zu der Erkenntnis gekommen, dass Menschen dann motiviert sind, wenn ihre Tätigkeit wie ein Spiel gestaltet ist und somit folgende vier Attribute besitzt:

1. Ein Ziel
2. Spielregeln
3. Feedback zum Fortschritt/Punktestand
4. Freiwillige Teilnahme

Das Ziel ist zum Beispiel, beim Fußball mehr Tore zu schießen als die gegnerische Mannschaft oder beim Golf einen Ball in 18 Löcher zu bekommen. Ohne Spielregeln wie zum Beispiel die Abseitsregelung, das Verbot des Handspiels oder die Vorgabe, den Golfball aus großer Distanz mit einem Schläger zum Loch zu schlagen, wäre die Aufgabe zu einfach. Es gäbe dann keine Herausforderung und keine Möglichkeit für die Spieler, sich zu verbessern. Der aktuelle Spielstand und auch das Spielergebnis sind bei Spielen immer für alle Teilnehmer ersichtlich und unterstützen den Siegeswillen beziehungsweise das Streben nach Verbesserung von Spiel zu Spiel. Die hohe Motivation, mit ganzem Einsatz an einem Spiel teilzunehmen, setzt allerdings voraus, dass die Teilnahme freiwillig ist. Dieser letzte Aspekt bereitet dem Management in Unternehmen oft Schwierigkeiten, obwohl er die Basis für Engagement ist.

Auch bei dieser Betrachtungsweise möchte ich den Bogen zu Scrum schlagen: Scrum legt eine Schicht „Spiel" über die Wirklichkeit. Diese Intention findet sich sogar im Untertitel des Scrum Guide wieder: „The Rules of the Game". Das Ziel von Scrum ist, nach jedem Sprint ein „done increment" zu liefern. Die Regeln sind im Scrum Guide niedergeschrieben und werden vom Scrum Master im Auge behalten. Alle Mitglieder des Scrum Teams erhalten kontinuierlich Feedback – von den Stakeholdern, durch das Burndown Chart und die Velocity-Messungen. Das erklärt den enormen Antrieb, den Scrum Teams entwickeln können – vorausgesetzt, sie werden nicht von der Organisation dazu gezwungen, mit Scrum zu arbeiten. Sicherlich erkennen Sie hier Parallelen zu den drei Säulen der Motivation von Daniel Pink, es sind lediglich verschiedene Blickwinkel auf dieselbe Entität: den Menschen.

Interessant ist, dass eine gute Einladung aus denselben vier Attributen besteht wie ein gutes Spiel. Nutzen Sie diese „Checkliste", wenn Sie jemanden – egal ob beruflich oder privat – für eine Sache gewinnen möchten. Leider gibt es in unseren Organisationskulturen sehr selten wirkliche Einladungen. Auch wenn im Alltag oft von Einladungen gesprochen wird, sind es in der Regel Vorladungen: Wer der Einladung nicht Folge leistet, muss sich erklären. Versuchen Sie, mehr auf echte Einladungen zu setzen. Wenn niemand Ihrer Einladung folgt, ist entweder die Einladung nicht optimal oder die Eingeladenen erachten Ihr Vorhaben nicht als sinnvoll. Beides bietet

Ihnen die Möglichkeit, etwas zu verbessern. Wirkliche Einladungen sind somit ein wichtiger Schritt hin zu mehr Transparenz und damit eine Chance, ständig besser werden zu können. Sie erinnern sich: Transparency, Inspection, Adaptation.

Kontextwechsel

Anfang der 1990er-Jahre hat Gerald Weinberg in seinem Buch „Software Quality Management" die These vertreten, dass durch jede Aufgabe, die wir parallel zu einer primären Aufgabe bearbeiten, 20 Prozent unser mentalen Leistung durch den Kontextwechsel verloren gehen – sozusagen durch „mentale Rüstkosten" (Weinberg, 1992). Wenn Sie also in drei Projekten gleichzeitig mitarbeiten, stehen jedem Projekt nicht – wie zunächst angenommen – 33 Prozent Ihrer Kreativität und Leistung zur Verfügung, sondern lediglich 20 Prozent. Der Rest wird durch mentale Rüstkosten verbraucht, ungefähr 20 Prozent pro zusätzlicher Aufgabe (Abbildung 41). Kontextwechsel haben einen enormen Einfluss auf die Leistung von Menschen und Teams und damit auf Zeit und Kosten Ihres Vorhabens. Dennoch werden Kontextwechsel in vielen Organisationen unreflektiert in Kauf genommen, beziehungsweise deren schädliche Wirkung wird nicht erkannt oder schlicht ignoriert.

Die von Weinberg angenommenen 20 Prozent Verlust pro zusätzlicher Aufgabe sind oft Gegenstand von Diskussionen. Die konkrete Zahl hängt sicherlich von der Tätigkeit und von der Frequenz der Kontextwechsel ab. In der Produktentwicklung gibt es jedoch häufig Situationen, in denen komplizierte Überlegungen angestellt werden müssen: einen Algorithmus gestalten, eine Schaltung durchdenken oder ein 3D-Modell konstruieren. Bei solchen Tätigkeiten muss das Gehirn mit vielen Informationen gleichzeitig hantieren. Bis alle benötigten Informationen im Gehirn „geladen" und im „Arbeitsspeicher" verfügbar sind, vergehen viele Minuten. Bestimmt kennen Sie solche Situationen, in denen Sie sich in einen entsprechenden Zustand versetzen müssen, um über eine bestimmte Thematik produktiv nachdenken zu können. Jede Störung, auch wenn es nur ein kurzer Telefonanruf ist, zerstört diesen Zustand, und Sie müssen erneut die benötigten Informationen in Ihrem Gehirn an die Oberfläche bringen.

Scrum geht dieses Thema aktiv an: Die Fokussierung auf ein Team und ein Produkt leistet einen bedeutenden Beitrag zur Teamperformance, indem Kontextwechsel für alle Beteiligten vermieden werden.

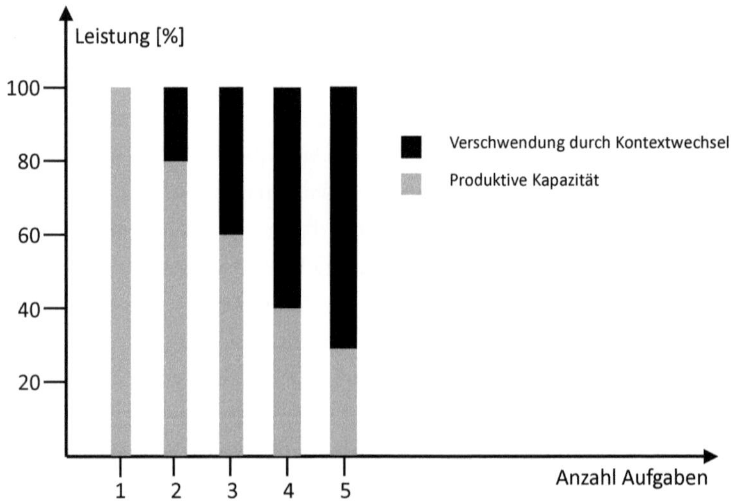

Abbildung 41: Verschwendung durch Kontextwechsel

Teams

Teambildung

Agile Teams haben keine Hierarchien und keine expliziten Rollen. Dennoch bilden sich schnell implizite Rollen heraus, durch die ein Team erst arbeitsfähig wird. Ein verbreitetes Modell für diese impliziten Rollen stammt vom englischen Psychologen Meredith Belbin. Dieser definiert neun Rollen in drei Kategorien (Belbin, 1993):

Handlungsorientierte Rollen

- Macher (Shaper)
- Umsetzer (Implementer)
- Perfektionist (Completer, Finisher)

Kommunikationsorientierte Rollen

- Koordinator/Integrator (Co-ordinator)
- Teamarbeiter/Mitspieler (Teamworker)
- Wegbereiter/Weichensteller (Resource Investigator)

Wissensorientierte Rollen

- Neuerer/Erfinder (Plant)
- Beobachter (Monitor Evaluator)
- Spezialist (Specialist)

Da diese impliziten Rollen im Team entstehen und nicht durch die Organisation definiert werden, ist der Weg dorthin mit Konflikten verbunden, bis sich Kommunikationsstrukturen und Rollen gefunden und gefestigt haben. Erst mit der Stabilisierung dieser Aspekte entsteht auch die gewünschte Teamleistung.

Der amerikanische Psychologe Bruce Tuckman beschreibt diesen Lebenszyklus mit seinem bekannten Modell der Teambildung, das er in fünf Phasen unterteilt (Tuckman, 1967; Abbildung 42):

- Forming: Das Team ist neu zusammengestellt, Aufbruchstimmung und Euphorie herrschen vor. Die Leistung des Teams übersteigt die Summe der Einzelleistungen.
- Storming: Kommunikationsstrukturen und Rollenverteilungen sind in Bewegung, die erste Euphorie ist verflogen. Es treten Konflikte auf, die Leistung des Teams liegt unter der Summe der einzelnen Leistungen. Eventuell gibt es auch personelle Veränderungen im Team.

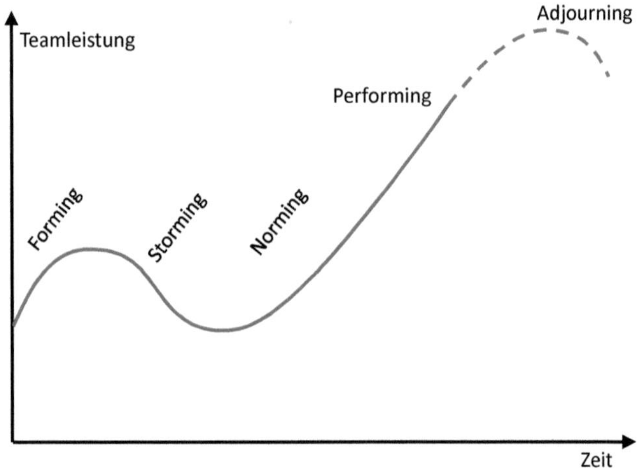

Abbildung 42: Teamleistung bei der Teambildung

- Norming: Kommunikationsstrukturen und Rollen festigen sich, die Konflikte sind ausgetragen. Das Team wird zu einem abgestimmten Organismus, die Teamleistung steigt an.
- Performing: Ein leistungsfähiges Team hat sich gebildet, Rollen und Kommunikationsstrukturen sind geklärt. Die Leistung des Teams ist deutlich höher als die Summe der Einzelleistungen.

- Adjourning (im ursprünglichen Paper von Tuckman nicht enthalten, später von ihm erweitert): Kein Team ist in seiner Zusammensetzung auf Dauer stabil. Jede Veränderung, auch das Hinzufügen von neuen Mitgliedern, startet einen neuen Durchlauf durch die Tuckman-Phasen, beginnend mit „Forming".

Ein Hinweis zur Wortwahl: Auch im deutschen Sprachgebrauch werden normalerweise die englischen Begriffe verwendet. Sollen diese vermieden werden, werden für die Phasen Forming, Storming, Norming, Performing üblicherweise die Begriffe Kontakt, Konflikt, Kontrakt, Kooperation verwendet, um den Reim mit einer Alliteration ersetzen zu können.

Scrum setzt auf stabile Teams, damit diese – nach Tuckman – in der Performing-Phase gehalten werden können. Dennoch ist es immer wieder aus sozialen oder fachlichen Gründen notwendig, Änderungen an der Teamzusammensetzung vorzunehmen, was wie beschrieben die Leistung des Teams vorübergehend schmälert. Wenn ein Scrum Team also mit seinem Produkt auf eine knappe Deadline zuläuft, ist es der schlechteste Ansatz, das Team zu vergrößern, um die Geschwindigkeit zu erhöhen. Mittel- und langfristig mag die Teamleistung tatsächlich steigen, kurzfristig wird das Team aber durch eine neue Storming-Phase an Geschwindigkeit verlieren. In solchen Situationen ist das Ausräumen von Impediments die einzige Möglichkeit, um kurzfristig reagieren zu können.

Co-Location

Teambasierte agile Ansätze gehen davon aus, dass sich alle Teammitglieder während ihrer Arbeit in einem Raum befinden – im Englischen wird ein solches Team als „co-located team" bezeichnet. Kunden hinterfragen die Notwendigkeit dieses Setups oft, denn viele Organisationen sind auf derartige Konstrukte nicht vorbereitet. Beim Thema Co-location ist wichtig zu wissen, dass die Leistungsfähigkeit eines Teams maßgeblich durch die Kommunikation zwischen den Teammitgliedern bestimmt wird. Ist die Kommunikation auf Hilfsmittel wie Telefon oder E-Mail angewiesen, leidet zwangsläufig die Leistung des Teams. So stellen Studien aus der Luftfahrt aus den 1980er-Jahren für Cockpit-Teams einen nachweisbaren Zusammenhang zwischen Kommunikation und Teamleistung her (Wiener, Earl, Kanki & Helmreich, 2010).

Für mich ist ein co-located Team das einzig adäquate Setup für ein schlagkräftiges agiles Team. Muss auf Hilfsmittel zurückgegriffen werden, erzeugt das einen Bruch in der Kommunikation und damit in der Leistung. Ob also zwischen den Teammitgliedern nur eine Tür oder gar ein Kontinent liegt, spielt keine Rolle. Ein verteiltes Team wird nie die Performance eines co-located Teams erreichen.

Teamzuschnitt

Beim Teamzuschnitt, umgangssprachlich oft als Teamschnitt bezeichnet, geht es um die Frage, welche Kompetenzen oder Personen in einem Team vertreten sein sollen. Im Scrum-Kapitel habe ich beschrieben, dass ein agiles Team alle notwendigen Kompetenzen – Skills – enthalten muss, um ein Produktinkrement zu entwickeln, zu bauen und zu testen. Andererseits sollte ein Team nicht mehr als neun Personen umfassen. Dadurch ist es bei der Entwicklung mechatronischer Systeme häufig notwendig, mehr als ein Team einzusetzen.

In Settings mit mehreren Teams gibt es nun verschiedene Möglichkeiten, die benötigten beziehungsweise die vorhandenen Kompetenzen zu verteilen. In der Regel sind Organisationen nach Kompetenzen organisiert. Es gibt also Abteilungen für Konstruktion, Elektronik, Software, Qualität, Einkauf, Musterbau, Personal und so weiter. Diese Kompetenzsilos sind in Abbildung 43 als vertikale Balken dargestellt. Hintergrund dieser Organisationstruktur ist der Versuch, Synergien zu schaffen und die Effizienz zu steigern. Um ein Produkt zu entwickeln, sind jedoch verschiedene dieser Kompetenzen notwendig. Produkte schneiden also quer durch viele Abteilungen, wie in der Abbildung durch die horizontalen Balken dargestellt ist. Werden Teams nach der Organisationsstruktur zugeschnitten, ergeben sich viele Abhängigkeiten zwischen diesen Teams – denn um eine Funktionalität im Produkt zu liefern zu können, ist die Zusammenarbeit vieler Organisationseinheiten notwendig. Solche Teams werden als Fach- oder Domänenteams bezeichnet.

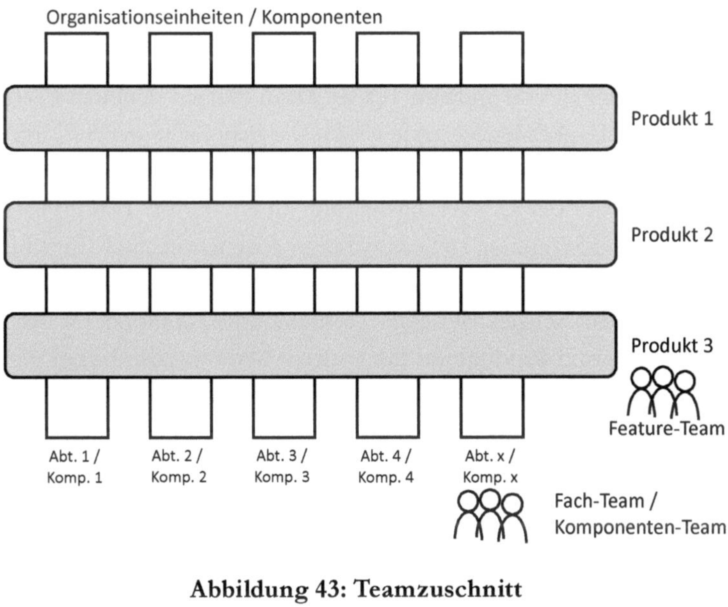

Abbildung 43: Teamzuschnitt

Viele Projekte sind traditionell nicht nach Fachrichtungen oder Domänen organisiert, sondern analog zur Produktarchitektur: Die Teams im Projekt sind gemäß den Komponenten des Produkts zugeschnitten und in sogenannten Komponententeams organisiert, oft gibt es auch sogenannte „Komponentenverantwortliche" in der Organisation. In Abbildung 43 entsprechen die vertikalen Balken den Komponenten. Aus dieser Darstellung ist auch ersichtlich, dass ein solcher Zuschnitt immer noch die Zusammenarbeit vieler Teams notwendig macht, auch wenn er näher am Produkt ist als ein Zuschnitt nach Domänen.

Um Liegezeiten zu optimieren, streben agile Ansätze an, die Abhängigkeiten zwischen Teams zu minimieren. Aus dieser Sicht ist es daher das Optimum, die Teams nach den horizontalen Balken in Abbildung 43, also entlang des Produkts aufzustellen. Solche Teams werden als Feature-Teams bezeichnet, denn sie sind idealerweise in der Lage, eine Funktionalität – ein Feature – über alle Komponenten und Fachbereiche hinweg zu entwickeln. Sie können dies autark, ohne Abhängigkeiten von anderen Teams. Dazu müssen in einem Feature-Team alle Expertisen vertreten sein, die gebraucht werden, um ein Produktinkrement um eine weitere Funktionalität zu erweitern. Dies deckt sich mit der Erwartungshaltung an ein Scrum Team. Feature-Teams sind also analog zu Scrum Teams sogenannte cross-funktionale Teams – sie vereinen unterschiedliche Kompetenzprofile.

Die beiden Achsen zwischen Domäne oder Komponente auf der einen Seite und Produkt auf der anderen Seite wurden bisher in Matrixstrukturen abgebildet. Die Projektstruktur legt sich um 90 Grad gedreht auf die Organisationsstruktur. Die Organisationsstruktur agiler Ansätze sind jedoch Teams, daher besteht eine agile Entwicklungsorganisation idealerweise aus mehreren Feature-Teams. Die andere Achse, jene der Expertise, darf dabei aber nicht verloren gehen: Auch in agilen Organisationen müssen sich die Fachexperten miteinander austauschen können. Im Gegensatz zur Matrix sollen hier aber die Feature-Teams die primäre Struktur sein und der fachliche Austausch wird quer über diese Struktur gelegt. Im Gegensatz zur Matrix sind hier primäre und sekundäre Organisationsebene gegeneinander ausgetauscht.

Der fachliche Austausch wird durch sogenannte „Communities of Practice“ oder „Gilden“ organisiert: Die Experten einer Domäne arbeiten verteilt in den Feature-Teams und treffen sich regelmäßig in ihren Gilden, um sich fachlich auszutauschen und Technologien und Vorgehensweisen innerhalb ihrer Domäne über die Teams hinweg zu optimieren und zu harmonisieren.

In der Praxis ist eine pauschale Forderung nach Feature-Teams nicht immer zielführend, es sind oft Mischformen anzutreffen. Als Faustregel gilt dabei, dass zentrale Dienstleistungen und Infrastrukturen, zum Beispiel Prüfstände, als Fachteam bestehen bleiben – ebenso Teams, die sich mit innovativen Themen oder Hochtechnologie beschäftigen, wie zum Beispiel Analysen, Simulationen oder speziellen Technologien. So weit möglich und sinnvoll sollten die anderen Personen dann in Feature-Teams organisiert werden. Ein guter Teamzuschnitt entsteht erst durch die Praxis und kann nicht in einem Besprechungsraum geplant werden. Sobald Sie das erste Konzept haben, das funktionieren könnte, sprinten Sie los. Alle paar Wochen, in der Sprint Retrospective, haben Sie die Möglichkeit, Ihre Ansätze zu überdenken und zu verbessern.

Kompetenzprofile

Der Umstieg auf cross-funktionale Teams fällt vielen Organisationen schwer, weil sich aus der Historie heraus ein ausgeprägtes Expertentum gebildet hat. Wissen weiterzugeben wurde in der Vergangenheit oft als hinderlich empfunden und statt Wissen in der gesamten Organisation zu verteilen, wurde immer von verschiedenen Stellen aus auf einzelne Experten zugegriffen: Ein „Super-Experte“ hat dieselbe Arbeit schneller erledigt als ein „Halb-Experte“. Allerdings ist das nur ein scheinbarer Performance-Gewinn, denn vor den Experten bilden sich in der Praxis Warteschlangen und diese verursachen ausgeprägte Liegezeiten im Projektverlauf. Darüber hinaus erzeugt das Expertentum einen deutlich höheren Organisations-, Koordinations- und Kommunikationsaufwand. Auf der anderen Seite sollen agile Ansätze auch nicht dazu führen, dass Expertise verloren geht, weil – um der Flexibilität willen – jedes Teammitglied jede Aufgabe bearbeiten können soll. Ideal ist es, die vorhandenen Kompetenzprofile bzw. das Wissen von Experten zu erweitern.

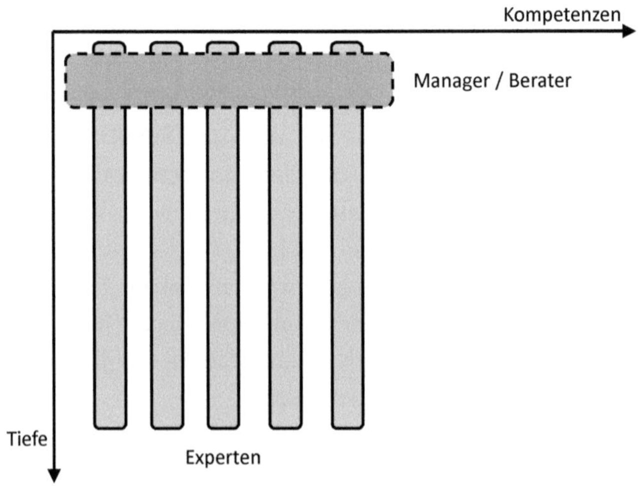

Abbildung 44: Kompetenzprofile

In Abbildung 44 sind die Kompetenzprofile – englisch Skill Sets – von Experten als vertikale Balken dargestellt. Jedes Profil ist sehr tief, aber auch sehr schmal, die Profile überlappen sich nicht. Mit solchen Profilen fällt es einem agilen Team schwer, die im Backlog bereitgestellten Aufgaben flexibel abzuarbeiten, denn die Experten können sich kaum gegenseitig unterstützen. Ein alternatives Profil ist oben im Bild als Querbalken eingezeichnet: Es ist das Profil von Managern, Beratern und Enten (Enten können gehen, fliegen, schwimmen, aber nichts davon richtig gut ;)). Auch mit solchen Profilen kann ein Team nur schwer Produkte entwickeln, weil die notwendigen Kompetenzen nicht tief genug ausgeprägt sind.

Das Ziel in agilen Teams ist es, die beiden beschriebenen Profile miteinander zu kombinieren: Der Expertenstatus in einem Fachgebiet wird beibehalten und gleichzeitig werden Grundkenntnisse in den anderen Domänen erlangt. Dadurch entsteht ein T-förmiges Kompetenzprofil, auf Englisch ein „T-shaped Skill Set" (Abbildung 45). Wie ausgeprägt der Querbalken des T ist, hängt von Produkt und Branche ab. Ein Softwareentwickler wird sicher nie das 3D-Modell für ein Gehäuse modellieren und ein Mechanik-Konstrukteur wird nie das EMV-Konzept einer Leiterplatte reviewen. Die Minimalforderung an den Querbalken ist jedoch, dass die Teammitglieder die Themen und die Probleme der anderen ansatzweise verstehen und auch zu manchen Aspekten aus dem Team heraus Auskunft geben können. Bei ausgeprägten Querbalken können sich die Teammitglieder bei einfachen Aufgaben gegenseitig unterstützen. Hier ist oft mehr möglich, als die Beteiligten zunächst annehmen. Zum Beispiel kann die Auswertung eines Prüfstandlaufs in einer Tabellenkalkulation nach kurzer Einweisung von fast jedem anderen Teammitglied übernommen werden und entlastet so den Prüfstandexperten, wenn dieser in der aktuellen Iteration zum Engpass wird.

Wie können Sie nun in Ihren Teams solche T-shaped Skill Sets erreichen? Diese Profile können nicht trainiert oder designt werden, sie werden durch die Arbeit im Team entstehen. Einen wertvollen Beitrag dazu leistet das sogenannte „Pair Doing", also das gemeinsame Arbeiten an einer Aufgabe. Dieses kommt ursprünglich aus der Software-Entwicklung und der „Extreme Programming"-Bewegung. Es hat sich bewährt, wenn bei schwierigen Programmieraufgaben zwei Personen vor einem Rechner arbeiten. Das hat folgende Vorteile: Der Sichtbereich beim Bearbeiten der Aufgabe wird aufgeteilt. Derjenige, der den PC bedient, hat die taktische Sicht und kümmert sich darum, dass die Befehle korrekt eingegeben werden. Der Nebensitzer hat den strategischen Blick: Welche anderen Module sind von der aktuellen Aktion betroffen? Welche Wechselwirkungen gibt es mit der Systemarchitektur? Parallel dazu findet ein Review der Arbeit statt und es wird Wissen ausgetauscht.

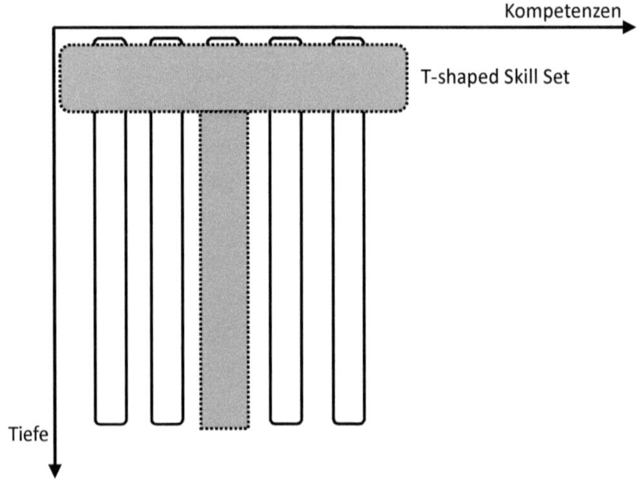

Abbildung 45: T-shaped Skill Set

Diese Vorgehensweise können Sie auch außerhalb der Softwareentwicklung für jede andere Tätigkeit einsetzen. Die Praxis hat gezeigt, dass gemeinsames Arbeiten in der Lösungs- und Arbeitsqualität so viele Vorteile bringt, dass die angenommene „Verschwendung“ des Pairings mehr als wettgemacht wird. Das aus dem traditionellen Effizienzdenken heraus geforderte parallele Ausführen verschiedener Tätigkeiten generiert bei schwierigen Aufgaben viel eher technische Schulden bezüglich Umsetzungsqualität, Innovation und beim Wissensaustausch. Ermutigen Sie

Ihre Teammitglieder, mit mehreren Personen an einer Aufgabe zu arbeiten. Das ist der Weg zu flexiblen und schnellen cross-funktionalen Teams.

Agilität in die Organisation bringen

Dieses Buch kann keinen umfassenden Überblick über alle Elemente einer agilen Transformation und der Organisationsentwicklung geben. Daher biete ich hier einen kleinen Überblick über die Zusammenhänge und Herausforderungen sowie ein Beispiel für einen agilen Ansatz zur Organisationsentwicklung.

Agile agile Transformationen

Als agile Transformation wird gemeinhin das Verbreiten von agilen Ansätzen in einer Organisation, also die „Agilisierung" der Organisation bezeichnet. Die große Herausforderung gegenüber der Umstellung eines einzelnen Teams auf Scrum entsteht durch die deutlich höhere Komplexität und die buntere Mischung an betroffenen Menschen.

Für ein einzelnes Team kann eine einzelne Führungskraft einen sicheren Raum für das Lernen erzeugen und die Schnittstelle zur bisherigen Organisation bilden. Idealerweise werden für solche Pilot-Teams auch begeisterte Mitarbeiter eingesetzt, die freiwillig mitmachen. Sollen diese Ansätze nun breiter „ausgerollt" werden, ist ein komplexes soziales und wirtschaftliches Gefüge betroffen, in dem nicht alle Menschen begeisterte Agilisten sind.

Ein agiles Rollout zu planen und die Arbeit mit Scrum & Co. anzuordnen, funktioniert in der Praxis nur selten. Menschen können nicht zur Veränderung gezwungen werden, sie können sich nur aus eigenem Antrieb verändern – ansonsten werden sie Widerstand leisten oder das Unternehmen verlassen. Ein mögliches Modell, um solche Veränderungen zusammen mit den Mitarbeitern anzugehen, ist „OpenSpace Agility", das ich im nächsten Abschnitt kurz vorstelle.

Ein Rollout wie oben beschrieben scheitert nicht nur an der mangelnden Freiwilligkeit. Organisationen sind komplexe Umgebungen und ein plangetriebener Ansatz mit festen Terminen wird in der

Regel die gesetzten Ziele nicht erreichen. Für agile Transformationen ist es naheliegend, die agile Denkweise in komplexen Umgebungen auch für die agile Transformation einzusetzen. Doch wie kann „Transparency – Inspection – Adaptation" für die Organisationsentwicklung eingesetzt werden? Zur Transparenz gehört, wie in der Produktentwicklung, ein ehrlicher Umgang mit dem aktuellen Zustand und dem, was möglich ist und was nicht möglich ist. Konsequenterweise benötigen wir also auch Transparenz darüber, was die Menschen wollen und können. Ohne „Wollen" gibt es keine Veränderung. Ziel ist es somit, die Menschen zur Veränderung einzuladen. Eine Einladung beinhaltet immer die Möglichkeit „nein" zu sagen. Wer folgt der Einladung, wer nicht? Das ist das erste Stück Transparenz für die agile Transformation.

Die Einladung ist nur der Beginn, die Agilisierung der Organisation sollte in kleine Schritte unterteilt und der Plan nach jedem Schritt angepasst werden. Die Scrum-Mechanismen greifen hier im Großen: Die Menschen beplanen eine Timebox mit Experimenten zur agilen Arbeitsweise und treffen sich danach, um über die Ergebnisse zu diskutieren und die nächste Timebox zu beplanen. Alle Ebenen müssen diesen Weg gemeinsam beschreiten, vom Top-Management bis zu den Entwicklern. Alle werden mit manchen Dingen scheitern und mit manchen Dingen Erfolg haben. Es entsteht eine lernende Organisation.

Beispiel: OpenSpace Agility

OpenSpace Agility (OSA) ist ein praxiserprobtes Modell von Daniel Mezick für einladungsbasierte iterativ-inkrementelle Organisationsentwicklung (Mezick et al., 2019). Kern des Modells bilden wiederkehrende Open Space Events. Open Space ist ein Format zur einladungsbasierten selbstorganisierten Großgruppenarbeit im Rahmen von organisationalen Veränderungen. OSA setzt beliebig viele Iterationen – „Lernkapitel" – hintereinander, abgegrenzt durch jeweils ein Open Space Event. Open Spaces bringen in der Organisation verborgene Ideen und Mitstreiter an die Oberfläche, die bei einer erzwungenen Veränderung versteckt bleiben würden.

Die Einladungen zu den Open Spaces und damit zur Veränderung werden vom Top-Management ausgesprochen. Das Top-Management sowie alle Führungskräfte im Unternehmen müssen hinter der Veränderung stehen und diese tragen. Kann dieser Zustand nicht erreicht werden oder gibt es Bedenken hinsichtlich Transparenz, Freiwilligkeit und Selbstorganisation, wird der Prozess abgebrochen. Ebenso kann nach dem ersten Open Space Event abgebrochen werden, wenn zu wenige Menschen der Einladung gefolgt sind und nicht mit den Experimenten begonnen werden kann. In beiden Fällen wird transparent, dass die Organisation diese Veränderung nicht angehen kann oder will. Um weiterzukommen, müssen die Führungskräfte nun das Bewusstsein schaffen, warum die Veränderung notwendig ist. Es kann also durchaus sein, dass nach einem Jahr Storytelling erneut zu einem Open Space Event eingeladen und einen neuer Versuch unternommen wird.

Wichtig ist: Mit Open Space Events in eine Veränderung zu gehen, bedeutet nicht „Anarchie". Es ist ein demokratisiertes Vorschlagswesen, das Management gibt die Ziele für die Veränderung vor und entscheidet nach wie vor, was gemacht wird und was nicht.

In Abbildung 46 ist der prinzipielle Ablauf von OpenSpace Agility dargestellt. In einer Vorbereitungsphase werden die Führungskräfte durch Coaching und vorgelagerte kleine Workshops auf die Veränderung vorbereitet. Die Mitarbeiter werden in agilen Themen geschult, damit im ersten Open Space Event zielführende, hochwertige Diskussionen geführt werden können. Parallel dazu wird das Ziel des Open Spaces formuliert und die Menschen, die von der Veränderung betroffen sind, werden dazu eingeladen. Dabei kann es sich durchaus um mehrere tausend Menschen handeln.

Im ersten Open Space werden Experimente definiert, mit denen ermittelt werden kann, wie agile Arbeitsweisen in der Organisation eingesetzt werden können und welche davon zielführend sind. Den Rahmen für die Experimente bietet das agile Manifest. Ob Kanban, Scrum oder andere Ansätze passend sind, zeigt sich in den Experimenten und nicht durch eine Vorabdefinition des Managements. Die

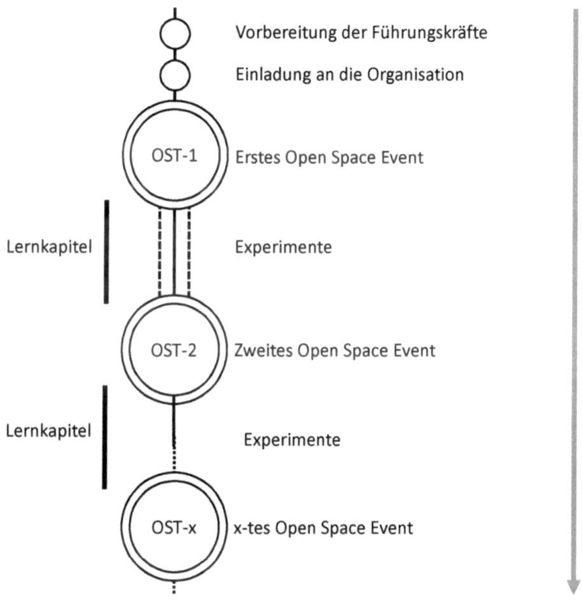

Abbildung 46: Ablauf OpenSpace Agility (schematisch)

Experimentierphase wird von externen Coaches begleitet, um in der Veränderung Halt zu geben. Ein Ergebnis des Open Spaces sind Empfehlungen an das Top-Management, worüber dieses zeitnah (innerhalb weniger Tage) entscheiden muss, damit die Experimente beginnen können. Dabei handelt es sich in der Regel um Entscheidungen zu Strukturen und Investitionen. Damit die Organisation in die

Experimentierphase eintreten kann, müssen natürlich die richtigen Menschen im Open Space anwesend sein. Folgen sie der Einladung nicht, bleibt die Veränderung an dieser Stelle stehen. Niemand wird zu den neuen Arbeitsweisen gezwungen.

Im zweiten Open Space werden gemeinsam die Erkenntnisse aus den Experimenten bewertet und definiert, welche Ansätze ab sofort im Alltag verwendet werden sollen. Es beginnt das zweite Lernkapitel, in dem die Anzahl der Experimente reduziert wird, da die ersten Aspekte schon in die tägliche Arbeit eingeflossen sind. Doch auch diese Zeit ist ein weiteres Lernkapitel, es endet mit dem nächsten Open Space. So reiht sich Lernkapitel an Lernkapitel und es entsteht eine lernende Organisation. Nach dem zweiten Open Space beenden die externen Coaches ihren Einsatz. Gleich am Beginn von OSA wird das allen Beteiligten angekündigt, damit niemand in Versuchung kommt, die Verantwortung an Externe zu übertragen. Außerdem beschert es der Organisation nach der ersten Experimentierphase ein Erfolgserlebnis, wenn sie die ersten kleinen Schritte Richtung Agilität eigenständig durchführen kann. Bei Bedarf können für das zweite Lernkapitel andere Coaches hinzugezogen werden. Durch das hohe Maß an Selbstorganisation und Eigenverantwortung kommen die Organisationen beim Einsatz von OpenSpace Agility mit einem Bruchteil des Aufwands für externe Berater klar.

Literatur

Arnold J. & Yüce, Ö. (2013). Black Swan Farming Using Cost of Delay: Discover, Nurture and Speed Up Delivery of Value. In P*roceedings of the 2013 Agile Conference*. Washington: IEEE Computer Society.

Beck K. et al. (2019): *Manifesto for Agile Software Development.* Verfügbar unter http://agilemanifesto.org [06.01.2019].

Belbin, M.R. (1993). *Team Roles At Work*. Oxford: Butterworth Heinemann.

Cohn, M. (2005). *Agile Estimating and Planning.* Amsterdam: Pearson Education.

Coplien, J. (1994). Borland Software Craftsmanship: A New Look at Process, Quality and Productivity. In P*roceedings of the 5th Annual Borland International Conference*, June 5, 1994. Orlando.

Furuhjelm, J., Segertoft, J., Justice, J. & Sutherland J.J. (2017). *Owning the Sky with Agile: Building a Jet Fighter Faster, Cheaper, Better with Scrum.* Verfügbar unter www.scruminc.com/wp-content/uploads/2015/09/Release-version_Owning-the-Sky-with-Agile.pdf [06.01.2019].

Goldratt, E. & Cox, J. (1984). *The Goal.* Great Barrington: North River Press.

Larman, C. & Vodde, B. (2008). *Scaling Lean & Agile Development Thinking and Organizational Tools for Large-Scale Scrum: Successful Large, Multisite and Offshore Products with Large-scale Scrum.* Amsterdam: Addison-Wesley.

Larman, C. & Vodde, B. (2010). *Practices for Scaling Lean and Agile Development: Large, Multisite, and Offshore Product Development with Large-Scale Scrum.* Amsterdam: Addison-Wesley.

McGonigal, J. (2012). *Besser als die Wirklichkeit: Warum wir von Computerspielen profitieren und wie sie die Welt verändern.* München: Heyne.

Mezick, D. (2012). *The Culture Game: Tools for the Agile Manager.* FreeStanding Press.

Mezick, D. et al. (2019). *Das OpenSpace Agility Handbuch.* Wangen: peppair.

Morgan, J. & Liker, J. (2018). *Designing the Future.* New York City: McGraw-Hill Education.

Ohno, T. (2013). D*as Toyota-Produktionssystem.* Frankfurt am Main: Campus.

Pfeffer, J. & Sasse, M. (2018): *OpenSpace Agility kompakt.* Wangen: peppair.

Pink, D. (2010). *Drive: Was Sie wirklich motiviert.* Wals bei Salzburg: Ecowin.

Reinertsen, D. (2009). *The Principles of Product Development Flow: Second Generation Lean Product Development.* Redondo Beach: Celeritas Pub.

Schwaber, K. & Sutherland, J. (2020). *The Scrum Guide: The Definitive Guide to Scrum.* Verfügbar unter www.scrumguides.org [06.01.2022].

Schwaber, K. (1995). *SCRUM Development Process*, OOPSLA Conference 1995.

Schwaber, K. & Sutherland, J (2011). *The Scrum Papers. Nut, Bolts, and Origins of an Agile Framework.*

Snowden, D.J. & Boone, M.E. (2007). A Leader's Framework for Decision Making. *Harvard Business Review*, November 2007.

Stacey, R. (2000). *Strategic Management and Organisational Dynamics: The Challenge of Complexity* (Third edition). London: Pearson Education.

Sutherland, J. (2014). *SCRUM: The Art of Doing Twice the Work in Half the Time.* New York: Crown Publishing.

Techt, U. (2010). *Goldratt und die Theory of Constraints: Der Quantensprung im Management.* Moers: Edition La Colombe.

Takeuchi, H. & Nonaka, I. (1986). The New New Product Development Game. *Harvard Business Review*, Januar 1986.

Tuckman, B. (1965). Developmental sequence in small groups. *Psychological Bulletin.* 63, 1965, 384–399.

Ward, A. & Sobek, D. (2014). *Lean Product and Process Development.* Boston: Lean Enterprise Institute.

Weinberg, G.M. (1992). *Quality Software Management Volume 1: Systems Thinking.* New York: Dorset House Publishing.

Wiener, E., Kanki, B. & Helmreich R. (2010). *Crew Resource Management.* Boston: Academic Press.